无人机测绘技术与应用研究

刘树林　张建州　万小斌　著
于　翔　武燕强　　　　副著

武汉出版社
WUHAN PUBLISHING HOUSE

（鄂）新登字08号

图书在版编目（CIP）数据

无人机测绘技术与应用研究 / 刘树林，张建州，万小斌著. -- 武汉：武汉出版社，2025.8. -- ISBN 978-7-5582-7673-6

I. P231

中国国家版本馆CIP数据核字第 2025B6T507 号

无人机测绘技术与应用研究
WURENJI CEHUI JISHU YU YINGYONG YANJIU

作　　者	刘树林　张建州　万小斌
版面设计	吉祥图文
策划编辑	杨　靓
责任编辑	蒋海龙
出　　版	武汉出版社
社　　址	武汉市江岸区兴业路 136 号
邮　　编	430014
电　　话	(027)85606403　85600625
	http://www.whcbs.com/
	E-mail:zbs@whcbs.com
印　　刷	武汉乐生印刷有限公司
经　　销	新华书店
开　　本	710mm×1000mm　　1/16
印　　张	12.25
字　　数	236千字
版　　次	2025年8月第1版
印　　次	2025年8月第1次印刷
定　　价	78.00 元

版权所有·侵权必究
如有质量问题，由承印厂负责调换

前　言

伴随着科学技术的快速发展，无人机技术已深入生活的各个方面。其中，无人机测绘技术这一新兴领域正以其独特优势，在地形测绘、工程监测和灾害响应等诸多领域展现出巨大的应用潜力。2024年1月1日，《无人驾驶航空器飞行管理暂行条例》正式实施，这为无人机测绘技术向规范化和法治化方向发展提供了坚实的政策基础和保障措施。该法规的颁布不仅明确了无人机飞行管理要求及安全标准，还预示着无人机测绘行业将面临更严格的安全及操作规范，从而进一步推动技术标准化和规范化进程。

值得一提的是，近年来，产业相关政策不断完善，这也为无人机测绘技术的发展指明了方向。国家民航局先后出台了《民用无人机驾驶员管理规定》和《民用无人机空中交通管理办法》等规范性文件。这些政策对无人机飞行规则、驾驶员资质要求及空中交通管理措施作出了更加详细的规定，为无人机测绘作业的安全有序开展提供了强有力的保障。各地方政府也纷纷响应，推出资金支持、税收优惠、创新平台搭建等多项政策和措施，以推动无人机行业的发展，营造无人机测绘技术研发与应用的良好环境。无人机测绘技术之所以受到如此重视，是因为与传统测绘技术相比，它具有显著优势。传统测绘技术通常受地形、气候等自然条件的限制，并且在测绘过程中费时费力。而无人机测绘技术可以快速、准确地获取地面信息，大幅提高测绘的效率与准确性。此外，无人机测绘技术还具有灵活性强、造价低、安全性高等优点，使其能够在多种复杂环境下发挥巨大作用。

从经济发展来看，无人机测绘技术同样呈现出旺盛的发展势头。据中商产业研究院发布的《2025-2030中国无人机行业市场研究及前景预测报告》显示，2023年中国民用无人机市场规模达1174.3亿元，同比增长32%，其中工业无人机市场规模占据重要份额。根据前瞻产业研究院提供的数据，2023年中国工业无人机及其相关服务产业的市场规模达到1134亿元，五年的复合增长率达到54.70%。据初步估计，到2025年中国工业无人机产业的市场规模有望达到1691亿元人民币。在众多工业无人机的应用中，地理测绘的需求占据高达30%的比例，这充分展示了无人机测绘技术在工业领域的广泛应用及其巨大的发展潜力。

尽管无人机测绘技术市场正在快速发展，相关技术的研究和应用仍面临许多挑战。已有研究大多聚焦于单一技术领域，而缺乏系统化、跨学科的综合应用研究。从数据处理到精度评估，再到法规政策，其研究尚未形成完整的理论体系。在无人机测绘技术日益普及、应用领域日益扩大的今天，如何保证数据的安全性和隐私性，并解决其中存在的伦理问题，也是一个迫切需要解决的课题。

为全面系统地阐述无人机测绘技术及其在多领域中的应用，特编写《无人机测绘技术与应用研究》一书。本书的核心理论框架基于"技术接受模型"（Technology Acceptance Model，TAM），从"感知有用性"和"感知易用性"两个维度探讨无人机测绘技术的普及情况和用户接受度。通过该理论框架，对无人机测绘技术在现实应用中面临的挑战与发展方向进行深入剖析，旨在为学术界与业界提供宝贵的借鉴。本书共分六章，主要内容包括：无人机测绘技术概述、无人机平台及传感器技术、无人机测绘数据处理技术、无人机测绘在地形测绘中的应用、无人机测绘在工程监测中的应用，以及无人机测绘技术应用范围的拓展。通过对这几章内容的深入讨论，本书将完整展现无人机测绘技术的应用现状及未来发展潜力。

本书由三和数码测绘地理信息技术有限公司的刘树林、张建州、万小斌、于翔、武燕强共同撰写，全书由刘树林、张建州、万小斌统编定稿。具体编写分工如下：第一章、第二章由刘树林编写；第四章、第五章由张建州编写；第三章由万小斌编写；第六章第一节和第二节由于翔编写；第六章第三节和第四节由武燕强编写。

本书的主要受众群体包括无人机技术研究者、无人机制造商与平台开发商、政府与行业政策制定者，以及教育工作者与技术培训机构。本书将为读者呈现一份全方位、系统性的无人机测绘技术手册，旨在帮助读者更深入地理解和运用这一新兴技术，从而推动无人机测绘技术的持续进步和创新。同时，期望本书能对相关专业的研究、教学与实践起到强有力的支撑作用，为无人机测绘技术的未来发展贡献绵薄之力。

目 录

第一章 无人机测绘技术概述 ... 1
  第一节 无人机测绘技术的应用背景与现实需求 ... 1
  第二节 无人机测绘技术的技术架构与组成 ... 9
  第三节 无人机测绘技术的关键技术 ... 18

第二章 无人机平台与传感器技术 ... 27
  第一节 无人机平台的类型与选择原则 ... 27
  第二节 无人机飞行控制系统与导航技术 ... 35
  第三节 无人机搭载传感器种类与性能分析 ... 43
  第四节 传感器在无人机测绘中的应用与集成方法 ... 52

第三章 无人机测绘数据处理技术 ... 61
  第一节 无人机测绘数据获取与预处理流程 ... 61
  第二节 无人机影像配准与拼接技术 ... 69
  第三节 无人机测绘数据的质量评估与错误纠正 ... 77
  第四节 无人机测绘数据的可视化策略与工具 ... 85
  第五节 大数据与人工智能在测绘数据处理中的应用 ... 93

第四章 无人机测绘技术在地形测绘中的应用 ... 100
  第一节 地形测绘的技术要求与应用价值 ... 100
  第二节 无人机在地形测绘中的作业流程 ... 106
  第三节 无人机地形测绘的精度评估与质量控制 ... 112
  第四节 无人机地形测绘的创新 ... 119

第五章 无人机测绘技术在工程监测中的应用 ... 127
  第一节 工程监测的目标与技术要求 ... 127
  第二节 无人机在工程监测中的应用 ... 134

第三节 无人机在施工现场监测中的实施策略……………141
　　第四节 工程监测中无人机技术的挑战与解决方案………148

第六章 无人机测绘技术的拓展应用……………………156
　　第一节 无人机测绘技术在灾害应急响应中的应用………156
　　第二节 无人机测绘技术在环境保护与资源调查中的作用……163
　　第三节 无人机测绘技术在智慧城市与交通管理中的潜力……170
　　第四节 无人机测绘技术的法规政策与伦理问题…………177

结　语……………………………………………………………183

参考文献…………………………………………………………185

第一章 无人机测绘技术概述

第一节 无人机测绘技术的应用背景与现实需求

一、无人机测绘的市场需求

在科学技术飞速发展的今天,尤其是无人机技术日益成熟,其应用领域也在不断扩大,无人机测绘已经成为现代测绘行业的一项重要内容。在这一过程中,市场对无人机测绘的需求呈现出繁荣局面。特别是在地形测绘、城市规划、农业监测、灾害响应等诸多领域,无人机凭借灵活、经济、高效的优势,为相关产业带来了全新的机遇与挑战[1]。本书将对无人机测绘市场需求的现状及其未来发展趋势进行深入探讨,并结合实际案例进行分析,希望为读者提供更多行业洞察。

(一)传统测绘技术存在的局限性

无人机测绘技术的迅速崛起源于传统测绘技术在高效性、适应性以及成本控制方面的局限性。传统的测绘方法通常依赖人工实地测量或借助大型仪器进行遥感监测。这种操作方式不仅费时费力,而且对复杂环境的适应性较差。在山区、森林或城市密集区,传统方法常常会遇到难以克服的障碍。而无人机通过空中飞行突破了这些局限,可以快速获取难以到达区域的信息。

就拿地形测绘来说,传统地面测量对现场勘测要求很高,而且精度往往受到天气、地形以及环境的影响。而无人机在进行上述工作时,既可以避免人工测量带来的麻烦与风险,又可以在短时间内完成大面积测量工作。在某些地形复杂的山区,使用常规方法调查可能需要耗费数周时间,而无人机则通过自动化飞行模式和精密传感器设

---

[1] 吴志斌. 无人机航拍教程[M]. 化学工业出版社:202403.182.

备，在短短一天内完成相同的工作任务，显著提升了工作效率。这一优点使市场对无人机测绘技术的需求越来越高，尤其是在大范围覆盖、高频次测量的应用场景中。基于上述研究，整理相关内容见下表。

表 1-1 传统测绘与无人机测绘技术对比表

对比维度	传统测绘技术	无人机测绘技术
操作方式	人工实地测量或大型遥感设备	空中飞行自动测绘
效率表现	费时费力，完成周期长	快速高效，一天内完成大范围测绘
适应环境能力	复杂地形（如山区、森林）难以进入	可轻松进入复杂区域获取信息
精度影响因素	易受天气、地形、环境影响	精密传感器设备保障稳定精度
风险与成本控制	人工测量风险高，成本较高	自动化降低风险，控制成本
市场需求	受限于效率与环境影响，需求增长缓慢	适用于高频次、大范围测量，需求快速增长

（二）多领域的需求促使无人机测绘技术应用范围不断扩大

无人机测绘技术凭借其灵活高效、数据精准的特性，正加速渗透至实景三维、精准农业、电力巡检、应急测绘、工程监测等多个领域，成为推动行业数字化转型的重要技术力量。

1. 实景三维

在智慧城市建设与新型基础设施建设的浪潮下，实景三维建模需求迅速增长。无人机搭载激光雷达（LiDAR）与倾斜摄影相机，可快速获取城市地表及建筑物的厘米级精度三维数据。例如，在雄安新区的规划建设中，无人机通过多视角影像采集与智能建模算法，仅用数周便完成了百平方公里区域的三维城市模型构建，为地下管网设计、交通流量模拟等提供了可视化支撑。在文化遗产保护领域，无人机对敦煌莫高窟等古迹进行了毫米级精度扫描，生成数字孪生模型，为文物修复与虚拟展示提供了数据基础。

2. 精准农业

无人机已成为精准农业的核心工具。通过搭载多光谱与高光谱传感器，无人机能够穿透作物冠层，实时监测叶绿素含量、氮素水平等生物参数。以新疆棉花种植为例，无人机通过获取 NDVI（归一化植被指数）数据，结合 AI 算法生成作物长势热力图，从而指导变量施肥与无人机植保作业，使化肥利用率提升了30%以上。在果树种植领域，搭载热成像相机的无人机可以识别果树水分胁迫区域，实现精准灌溉。国内某农业科技企业通过无人机与物联网系统的结合，将10万亩果园的病虫害预警响应时间从72小时缩短至4小时，产量提升了15%。相关农业领域的无人机应用场景如图1所示。

图1 农业领域的无人机应用场景

3. 电力巡检

电力行业正加速推动无人机巡检的规模化应用。搭载红外热成像仪和可见光相机的无人机能够对高压线路进行毫米级缺陷检测。在特高压线路巡检中，国家电网利用无人机结合AI视觉识别技术，自动定位绝缘子破损、金具锈蚀等缺陷，巡检效率较人工提升超过五倍。在台风、地震等灾害发生后，无人机可以快速获取杆塔倾斜、导线断股等灾损数据，为抢修方案的制定提供实时依据。某省级电网公司部署的无人机智能巡检系统已实现覆盖20万公里线路的全自主巡检，缺陷检出率达到98%。

4. 应急测绘

在地震、洪水等突发事件中，无人机测绘成为应急指挥的"第一双眼睛"。例如，四川泸定地震发生后，测绘应急队伍在震后两小时内迅速出动无人机，获取灾区0.1米分辨率影像，并通过点云建模快速生成道路损毁和山体滑坡分布图，为救援力量的部署提供精准导航。在郑州暴雨洪涝灾害中，搭载合成孔径雷达（SAR）的无人机穿透云层，获取受淹区域的三维地形数据，并结合水动力学模型预判洪水演进路径，成功帮助转移群众超过10万人。据应急管理部数据显示，无人机测绘已纳入全国灾害应急响应的标准流程，灾害发生后48小时内的数据获取率达到100%。

5. 工程监测

在基础设施建设领域，无人机监测技术实现了毫米级形变检测。以港珠澳大桥为例，运营期间无人机定期采集桥体三维点云数据，通过与BIM模型比对分析，精准监测桥墩沉降、钢箱梁疲劳裂纹等隐患，预警准确率超过95%。在川藏铁路建设过程中，无人机搭载GNSS-RTK设备，对隧道口边坡进行每日毫米级位移监测，成功预警3次重大滑坡风险。此外，某智慧工地平台集成无人机巡检数据，实现施工进度的三维可视化与土方量动态核算，使项目成本降低了12%。

当前，无人机测绘正与5G、AI、边缘计算等技术深度融合。例如，大疆行业应用推出的"无人机+机载AI"解决方案，可以实现电力巡检缺陷的实时识别与标注；华为云提供的三维重建SaaS服务，将建模效率提升了80%。据MarketsandMarkets预测，到2027年，全球无人机测绘市场规模将达到134亿美元，年复合增长率为28.6%。随着政策对低空空域的逐步开放，以及RTK定位、PPK后处理等技术的日益成熟，无人机测绘将在数字孪生城市、"双碳"目标监测等新兴领域创造更大价值，成为推动各行业高质量发展的数字新基建。

二、传统测绘技术的局限性

伴随着科技的持续发展，特别是遥感技术、地理信息系统（GIS）和无人机技术的逐渐完善，传统的测绘方法正面临着空前的考验。尽管传统测绘方法在过去的几十年里提供了大量精确的地理空间数据，但随着现代社会对高效、低成本、精准和灵活的测绘需求不断增长，传统测绘技术的局限性变得愈加明显[①]。传统技术一般依靠人工操作及复杂仪器设备，其适应性及作业效率常受环境、气候及地形等诸多因素限制。本书将对传统测绘技术中存在的局限性加以详细说明，并以具体实例进行分析，以帮助读者更好地认识这一问题。

（一）高成本和劳动密集性限制了传统测绘的发展

传统测绘方法存在的突出问题是其高成本和劳动密集型特点。该方法通常依赖大量人工及复杂的仪器设备，尤其是在进行大比例尺区域测绘时，人工成本及设备维护费用成为不可忽视的负担。以地形测绘为例，传统测绘技术通常需要人工设点、拉尺和测角来采集数据，这一过程既烦琐又耗时。特别是在天气恶劣或地形复杂的情况下，工作效率会显著下降。此外，这些作业通常依赖测绘人员的工作经验和专业能力，任何不恰当的操作都可能导致数据偏差，从而影响整个测量结果的准确性。

在一些山区或偏远地区进行传统地形测绘时，测量人员不仅需要克服诸多困难，还需使用测距仪和全站仪等专业仪器。这些设备的运输和维护成本较高，而复杂地形下的作业难度也进一步增加。这种工作既要求测绘团队具备极高的体力与技能，又需要较长的工作周期，耗费的时间与资源远远超过无人机现代测绘技术。无人机测绘技术通过自动化飞行及传感器搭载，可以快速完成大面积区域的测量任务，极大地减少人工投入及设备维护费用。尤其是在某些人迹罕至的地区，利用无人机测绘可以规避传统测绘技术中存在的物理障碍和高昂成本，从而提高效率并降低风险。

① 雷添杰，刘战友，廖通逵．无人机遥感技术与应用实践[M]．中国水利水电出版社：202307.179．

(二)适应性差和环境限制

还有一种传统测绘技术,其局限性在于对各种环境的适应能力。地形复杂、气候多变,恶劣天气条件往往限制传统测绘技术的效果。以地形复杂的山区为例,常规测绘人员需要对崎岖的土地进行人工测量,常常无法全面、准确地采集数据。在某些极端气候条件下,例如强风、暴雨或低温,传统测绘方法不仅操作复杂,而且测量设备容易受到损害,从而严重影响工作的进度。典型案例之一是某道路建设项目对传统测绘技术提出了巨大挑战。由于该地区山高林密、地面不平整,测绘团队难以在短期内完成全覆盖调查,并多次试测高程。不利的天气条件使调查结果失准,导致项目拖延,传统测绘技术的低适应性暴露无遗。

利用无人机进行测绘可以有效解决这一问题。无人机灵活性极强,适应性高,无论是在城市复杂环境还是自然环境的恶劣条件下,都能平稳飞行并精确收集数据。无人机上的传感器与相机可以克服天气与地形因素的制约,为测绘人员提供精准的测量数据。例如,在极端天气或无法到达的区域,凭借无人机的自动飞行和实时数据传输,测绘人员可以随时获得优质数据,从而规避人工测量带来的限制。基于上述研究,整理相关内容见下表。

表1-2 传统测绘与无人机测绘技术适应性对比表

对比维度	传统测绘技术	无人机测绘技术
环境适应性	受限于地形、气候、恶劣天气条件	高适应性,能在复杂或极端环境中平稳飞行
操作复杂性	在崎岖地形或恶劣天气下操作复杂	自动化飞行,简化操作
数据精度	易受天气与地形影响,精度降低	传感器与相机克服环境影响,保证数据精准
风险与进度	在恶劣条件下设备易损坏,进度慢	实时数据传输,避免损坏快速完成任务
适用场景	受地形和天气限制,难以全面覆盖	可在城市复杂环境和极端气候下快速采集数据
典型案例	道路建设项目中受限,测量失败或拖延	可解决传统方法问题,避免项目拖延

尽管传统测绘技术在过去几十年中凸显了地理空间数据的重要性,但随着社会对高效、低成本和精确测绘的需求日益增长,其局限性也逐渐显现。高成本、劳动密集型以及适应性差等问题严重制约了传统测绘技术的推广和应用。虽然传统测绘技术在某些特定领域中仍然发挥着不可替代的作用,但无人机这一新兴技术的崛起为解决这些问题提供了切实可行的解决方案。无人机测绘凭借速度快、精度高、成本低以及适应性强的特点,已逐步成为现代测绘领域的重要手段,推动了测绘行业的创新与

三、无人机测绘的优势与价值

伴随着科技的快速发展，特别是无人机技术被广泛应用于各行各业，无人机测绘已经逐步成为一种革命性技术手段。与传统测绘方式相比，无人机测绘不仅在效率与精度方面具有显著优势，在成本与灵活性方面也展现出其独特价值[1]。在许多测绘领域，尤其是复杂地形、灾后评估和农业监测等应用领域，无人机测绘的优势愈发凸显。通过无人机技术和现代数据处理技术相结合，它逐渐从一项新技术发展成为不可或缺的测绘手段，推动了测绘行业的整体变革。

（一）集高效性、精准性于一体

无人机测绘的一个显著优点是其能够同时提高效率与精度。传统测绘通常需要依靠人工作业，并对测绘设备的依赖较强。在复杂环境下，作业效率低且误差范围较大。无人机通过自动化飞行、实时数据采集以及传感器的精确配置，显著提升了测绘速度，同时减少了人为误差。通过对飞行控制系统的精确调节，无人机可以按照设定的航线飞行，并自动获取目标区域的影像数据，从而既提高了作业效率，又改善了数据的整体质量。

在某大型城市道路规划工程中，传统测绘方法需要几十名测量人员花费大量时间进行实地测量，并且难以处理复杂地形及城市建筑因素。利用无人机进行地图绘制，该团队能够在极短时间内完成大规模的高精度数据收集，并自动创建三维模型和数字高程模型。这项技术不仅大幅提高了数据采集效率，还为后续的规划设计提供了准确的基础数据支持。

无人机配备高精度传感器，尤其是激光雷达（LiDAR）、多光谱传感器和高分辨率光学相机。这些设备能够在极短时间内对地面进行全方位扫描，从而确保数据采集的准确性。与传统方法相比，无人机测绘减少了因人为操作造成的误差，尤其是在复杂环境下（例如山地、城市密集区），其精准性显著提升。这一优势在需要准确地形数据的应用中，特别是在工程设计和城市建设领域，具有不可替代的重要价值。

（二）低成本和高灵活性的结合

传统测绘通常需要大量人力和物力，尤其是对于大范围或复杂地形的测绘工作，不仅需要租用价格昂贵的设备，还需投入巨大的人工成本。而无人机测绘显示出显著的成本控制优势。无人机的采购成本相对低廉，且运行过程中无须过多人工干预，从而降低了人力及设备投入。利用无人机进行测绘，可以显著减少运输成本及现场设备维护成本。尤其是在高风险、高费用的作业中，无人机通过自动化飞行极大地降低了

---

[1] 王晓斌，白雪材，高爽. 无人机应用技术[M]. 重庆大学出版社：202306.137.

现场作业的复杂程度。

以实例为例，传统测绘在某些自然灾害发生后进行快速评估时，通常需要将测量仪器运至灾区，测量工作量大、耗时长且风险高。而无人机测绘则可以在空中迅速完成灾后评估，并及时获取受灾区域的详细资料。这种作业方式不仅显著降低了人力成本，还减少了因灾后环境动荡而引发的风险，为灾后恢复提供及时的数据支持。同类技术还广泛应用于农业监测、环境保护和资源勘探领域。此外，无人机具有高度灵活性，使其能够轻松适应多种作业环境。在城市街道狭窄、森林区域复杂或山脉地区交通不便的情况下，常规测绘设备往往难以进入，作业难度较大。而无人机则能够方便地飞行，完成数据采集工作。无人机还可以根据任务需求灵活调整飞行计划，进行定向飞行和数据采集，极大地提升了工作效率和任务执行的准确性。

无人机测绘这一新兴技术在许多方面都具有传统测绘所无法比拟的优势。从提高效率和精准度到低成本与高灵活性的结合，无人机测绘不仅提升了作业效率，还减少了传统测绘中难以忽视的费用与风险。在复杂地形、灾后应急响应和农业监测等众多应用场景中，无人机技术凭借其卓越优势，正逐渐成为测绘行业的核心手段。随着科技的不断进步和市场需求的持续增长，可以预见，无人机测绘将在未来成为各个行业中不可或缺的一部分，从而推动相关领域的革新和发展。

四、无人机测绘的发展前景

在科技不断进步的过程中，无人机测绘技术正变得日益重要，逐步替代传统方法，为测绘行业带来深刻变革。从最初的单一应用到如今的广泛商业化运用，无人机测绘技术的快速发展已不再局限于地形测绘领域，而是在许多新兴领域中进行探索，例如城市建设、环境监测以及灾后评估。在不断扩展的应用场景下，无人机测绘正朝着更加高效、智能和精准的目标迈进[①]。无人机测绘毫无疑问将成为各行业日常事务中不可或缺的组成部分，为各种工程项目、政府决策乃至科学研究提供强有力的技术支持。本节论述了无人机测绘技术发展的前景，剖析了该技术所面临的潜力与挑战，并通过具体实例帮助读者对该产业的未来有更深入认识。

（一）技术创新推动无人机测绘不断向前发展

未来无人机测绘技术的发展主要依靠技术创新驱动，从飞行控制系统、传感器技术、数据处理与分析方法等各个环节的技术进步均可能导致行业格局发生改变。无人机技术的持续进步使该工具对复杂环境的适应性以及数据处理能力显著增强，促使市场对精度更高、功能更强大的需求不断增长。近年来，飞行控制系统及导航定位技术的发展使无人机在复杂地形及恶劣天气情况下的稳定性及自主性得到了极大提升。通过将增强型全球定位系统（GNSS）与惯性导航系统（INS）相结合，无人机能够达到

---
① 房余龙. 无人机技术与应用[M]. 苏州大学出版社:202104.351.

更高的定位精度，从而确保数据采集过程的准确性。这一进步不仅增强了测绘数据的可靠性，也为无人机在复杂地区的应用奠定了基础。多项实例表明，在极端天气或空中障碍物密布的城市环境下，无人机借助精准的飞行控制系统可以迅速适应多变的飞行条件，以保证测绘任务圆满完成。

在无人机测绘工作开展过程中，传感器技术取得了突破性进展，同样具有重要意义。通过应用多光谱传感器、激光雷达（LiDAR）和红外成像等先进技术，无人机现在能够收集更为多样化的数据类型。这些数据不仅局限于二维图像，还包括三维地形数据、气候监测数据乃至生物多样性信息。激光雷达技术使无人机能够穿透森林冠层并准确测量地面形态，在自然资源勘查、灾后评估以及林业监测方面具有广泛应用。在新型传感器不断涌现与融合的背景下，无人机测绘的应用领域也将得到拓展，由传统的土地测绘、城市规划向更精细的生态环境保护、农业精准化管理转变。

（二）市场需求多样化促进无人机测绘技术产业融合发展

伴随着社会各领域对高效、精准和低成本测绘需求的提高，无人机测绘技术的应用场景日益扩大，并呈现多样化的市场需求。这些需求不仅体现在传统的地形测绘与城市建设领域，还延伸至智慧城市、农业精准管理和环境监测等新兴领域。市场需求的多样化促使无人机技术和各产业深度融合，同时推动相关技术日新月异。在智慧城市建设的背景下，无人机测绘为城市规划与管理者深入了解并优化城市结构提供了有力的数据支撑。无人机搭载高精度传感器，可实时采集城市三维空间数据，为城市规划、基础设施建设和交通管理提供支持。在一些规模较大的城市开发项目中，使用无人机测绘技术能够高效分析建设用地的详细地形和环境，从而为土地利用规划工作提供可靠的资料。这不仅加快了城市建设的步伐，还提高了建设质量，使项目管理者在建设之前就能准确进行规划与调整。

农业领域也受益于无人机测绘技术的推广。无人机携带多光谱及红外传感器，可对农田的土壤湿度、作物健康状况以及病虫害分布情况进行实时监测，从而为精准农业的发展提供科学数据依据。农户利用无人机测绘获取的实时数据，可以及时调节农作物的生长环境，实现增产并减少资源浪费。在部分粮食种植区，农户通过无人机监测土壤湿度及作物生长状况，实施精准施肥和灌溉，最终显著提高产量并降低农业生产成本。

在灾后评估和环境监测领域，无人机测绘技术得到广泛应用。当遭遇自然灾害时，无人机能够快速进入灾区，对灾情进行有效评估和监控，既节约人力物力，又避免传统测绘方法因地形或天气影响而延误工期。无人机的实时数据采集能力有助于政府及相关机构迅速掌握灾后的环境变化情况，并及时为救援与修复工作提供决策支持。

无人机测绘技术未来前景十分广阔，这不仅是由于科技不断创新与进步，同时也是市场需求越来越多样化所驱动。伴随着飞行控制技术、导航定位技术和传感器集成技术的突破性进展，无人机的精准度、适应性和智能化性能会越来越突出。无人机测绘不仅会继续在传统测绘行业中扮演重要角色，还将在智慧城市建设、农业管理和环境保护等新兴领域发挥不可替代的重要作用。在无人机技术飞速发展的今天，有关法规、伦理问题以及技术标准都需紧跟时代步伐。如何保证数据安全、保护隐私和规范无人机飞行操作，已成为未来发展中亟须解决的重点难题之一。无人机测绘技术必然成为未来各行各业日常作业中的重要手段，其巨大的市场潜力与技术价值注定会推动社会各领域的数字化发展和智能化转型成为现代化测绘行业未来发展的核心力量。

第二节 无人机测绘技术的技术架构与组成

一、无人机平台的基本结构

以现代测绘与遥感技术为背景，无人机平台是一项重要技术工具，已成为各行业数据采集与分析不可或缺的装备。无人机平台的基本结构不仅决定其飞行性能，还直接影响其在各领域的应用效果。从传统飞行器发展到今天的智能无人机，在科技不断革新的推动下，当代无人机平台的结构日趋复杂和多样化。它不仅包括飞行器自身的设计，还涉及飞行控制系统、传感器载荷和通信系统等多个子系统之间的协同[①]工作。为深入理解无人机平台的工作原理及其广泛应用，本部分对无人机平台的基本架构进行了详细论述，并分析了各部件如何协同工作以执行复杂测绘任务。

（一）飞行平台的基本组成及设计内容

无人机平台基本构造可划分为若干部分，其核心是飞行平台设计问题。飞行平台通常由飞行机体、动力系统、导航控制系统、传感器以及载荷设备组成。飞行机体设计的好坏直接决定无人机飞行的稳定性、操作灵活性以及承载能力；动力系统负责为无人机提供充足的动力支持。飞行平台因飞行需求与任务的不同而设计与配置各异。以普通多旋翼无人机为例，其利用4个及以上旋翼进行垂直起降，飞行稳定且灵活。多旋翼无人机能够在复杂的城市环境下实现快速起降和悬停，使其尤其适合城市测绘和建筑物检测任务。相较于固定翼无人机，多旋翼无人机可以在更小的空域中执行精确任务，无须更长的跑道。垂直起降这一特点，使多旋翼无人机在空间狭窄条件下表现得尤为突出。

---

① 王博，梁钟元，范天雨. 天宝UX5无人机航测关键技术及其工程应用[M]. 中国水利水电出版社：201908.204.

飞行平台在设计时既要考虑飞行稳定性，又要考虑承载能力。对于需要安装重型传感器的任务，比如激光雷达(LiDAR)和高分辨率光学相机，飞行平台必须具有足够的承载能力，以确保数据采集的准确性和稳定性。以某地形测绘用无人机为例，该无人机需携带重型激光雷达设备，其设计兼顾较强的动力系统、更大规模的电池储备以及更稳固的机身结构，从而保证飞行全过程的稳定性以及设备安全。基于上述研究，整理相关内容见下表。

表1-3 无人机飞行平台基本组成及设计内容

组成部分	功能与设计要求	典型应用与特点
飞行机体	决定飞行稳定性、操作灵活性、承载能力	设计需考虑飞行稳定性与任务需求，确保稳定飞行
动力系统	提供充足的动力支持	根据任务需求配置足够动力，支持长时间飞行
导航控制系统	保证飞行路径的精准控制	需要高精度控制系统，适应各种飞行环境

(二)导航和控制系统共同工作

无人机飞行控制系统对于保证飞行稳定性和完成任务至关重要。其核心功能包括飞行姿态控制、航线规划、飞行路径管理以及数据传输。该飞行控制系统通过结合传感器数据，实现自主飞行和飞行姿态的实时调节，从而确保无人机在复杂环境中稳定飞行。导航系统的核心职责是对无人机进行精确定位和路径设计，以确保其在预定区域内顺利完成各项任务。

对现代无人机而言，其导航控制系统不仅基于传统的GNSS定位技术，还融合了惯性导航系统(INS)和气压计技术。即使GNSS信号失效或受到限制，磁力计及其他多种传感器仍能确保无人机保持稳定的飞行状态。在城市的高密度区域或存在众多地面障碍的地方，GNSS信号可能会被遮挡或受到干扰，此时惯性导航系统的作用尤为关键。

例如，当无人机进行城市建筑顶部的测绘工作时，飞行至高楼之间可能导致GNSS信号变得不稳定。在这种情况下，飞行控制系统会利用惯性测量单元(IMU)实时修正飞行路径，以避免偏离预定轨迹。另一个典型例子是无人机在执行农业遥感任务时，通常需要在大面积农田区域内飞行。通过飞行控制系统，无人机能够准确规划航线和按预定轨迹飞行，自动完成几十公里的航程并返回起点。在飞行过程中，控制系统还会根据环境变化(如风速、温度)进行实时调节，确保无人机始终处于最佳飞行状态，减少飞行误差，提高数据采集的精度。

无人机平台以基本结构为核心构成要素，对其在各行业的应用起到了关键作用。从飞行机体设计到动力系统和导航控制系统的协同作业，每个部件都需经过精心设计与调配，才能确保无人机高效稳定地执行复杂测绘任务。随着科技的进步，尤其是在飞行控制技术和传感器技术方面取得的突破性进展，无人机平台的性能将进一步提升。未来，无人机平台将在更多领域展现巨大的应用潜力。在地形测绘、环境监测、灾后评估、智慧城市建设等行业中，准确、高效地收集数据将成为提高工作效率与决策水平的重要手段。深入了解无人机平台的基本组成及其工作原理，对于促进无人机技术的推广应用具有重要意义。

二、传感器与载荷技术

现代无人机技术应用过程中，传感器和载荷技术起着关键作用。这些技术不仅决定了无人机的作业能力和数据采集质量，而且直接关系到无人机在多种应用场景下的作业效率和精度。无人机上的传感器及载荷系统通过有效的数据获取手段，使无人机能够适应复杂环境下的测绘、监控及检测任务。伴随着科技的进步，无人机携带的传感器及载荷类型越来越多，应用领域也日益广泛[1]。从高度精确的激光雷达到多光谱成像，每一种传感器和载荷都具有其独特的功能和价值。本书将对无人机平台上的传感器和载荷技术进行深入探讨，分析它们的不同种类和用途，并结合具体实例进行剖析，希望帮助读者更深入地了解这些技术的现实意义和发展趋势。

（一）无人机传感器种类及应用情况

无人机传感器类型多样，不同传感器对不同测量任务具有重要影响。传感器技术的不断发展直接促进了无人机在各领域应用范围的扩大。无人机常用的传感器种类繁多，包括光学传感器、红外传感器、激光雷达（LiDAR）、多光谱传感器和超光谱传感器。光学传感器，特别是高分辨率摄像头，是无人机的基本传感器。在地形测绘与城市规划领域，光学相机能够提供优质影像数据，辅助测绘人员对地面形态进行分析。现代光学相机既具有高分辨率，又能实现实时数据处理与传输，确保数据即时反馈与可操作性。以某城市建筑检测为例，利用无人机携带的高清光学传感器能够在短时间内获得建筑外立面及周边环境的高清影像，从而为建筑结构分析与维修提供准确依据。

红外传感器在温度检测和夜间任务中有着广泛的应用，特别是在灾难后评估和环境监测方面表现尤为出色。红外成像有助于无人机对地面温度变化的探测，尤其是在火灾灾后评估、管道检测以及农业作物健康监测方面具有重要意义。在农业监测领域，利用无人机携带红外传感器，农户可以实时了解作物的健康状态，确定温度变化或水分不足的区域，从而有效提升农作物的管理水平与产量。激光雷达（LiDAR）被视为一种关键的传感技术，它利用激光对地面进行扫描，从而生成高度精确的三维点云信息。

---

[1] 谢媛媛. 无人机倾斜摄影测量技术在农村房地一体测绘中的应用[J]. 南方农机, 2025, 56(06): 27-30.

LiDAR传感器在地形测绘、森林资源勘测和灾后评估中具有广泛的应用前景。尤其是在测量森林或复杂地形时，LiDAR可以穿透树冠，准确获取地面形态和高度信息。例如，在某森林资源勘测项目中，利用无人机携带的激光雷达传感器可以高效获取覆盖面积广的树木高度、密度以及森林健康状况信息，从而为生态保护与森林管理提供重要的数据支撑。

在农业、环境观测以及资源勘查领域，多光谱和超光谱传感器的重要性日益凸显。多光谱传感器能够同时采集多波段的光信息，适合对土壤、水体和植被等地表物体进行分析。在农业领域，这些传感器可以帮助农户获取作物的健康状况、水分含量以及营养成分等详细生长信息，从而为精准农业的发展提供有力的数据支持。超光谱传感器能够在更精细的波段上提供更高精度的图像数据，其应用不仅限于农业监测，还在矿产勘探、环境污染监测等领域发挥重要作用。

（二）整合无人机载荷技术

和传感器技术互为补充的还有无人机载荷的持续改进。无人机的载荷系统由多种与飞行任务相关的装置组成，这些装置既需要高度融合于无人机平台，又必须确保在不同任务场景下具备灵活性和可靠性。载荷系统的设计及搭载能力对无人机的任务范围、飞行稳定性以及数据处理效率都有直接影响。无人机载荷的种类涵盖范围广泛，从小型传感器、摄像设备、激光雷达系统到无人机运行所需的动力电池及数据传输设备。高效的载荷集成不仅能够提升无人机的工作效率，还能在不同任务场景中实现灵活适应。例如，在一个大比例尺的土地测绘项目中，除了携带标准光学相机和激光雷达设备外，还可能需要附加传感器或环境监测设备。如何同时携带多种装备，并确保飞行稳定性和对这些设备的协同工作进行有效管理，已成为载荷技术领域亟须解决的重要课题。

完成复杂任务时，载荷系统的重量与体积对无人机飞行能力有重要影响。随着测绘、农业监测等领域对数据精度及采集范围的要求不断提高，载荷优化问题已成为提升无人机性能的关键。在某次执行大面积森林勘察任务中，携带的LiDAR系统需提供高精度的三维点云数据，此时对无人机的承载能力提出了更高的要求。为了确保载荷系统能够平稳运行，一些无人机采用更强大的动力系统以及更坚固的机身，以提供充足的承载能力并保证系统的稳定工作。载荷技术同样面临一定的挑战，其中一个显著的难题是载荷设备的散热问题。在测量任务持续进行的情况下，传感器及设备的高强度工作容易导致温度升高，从而影响正常的工作性能。设计高效的散热系统以确保装置长期稳定运行，已成为载荷系统优化研究的重要发展方向。

无人机平台上的传感器和载荷技术在当前应用中发挥关键作用。多种传感器的持续创新以及载荷系统的优化，使无人机可以高效、准确地执行各种复杂任务。在地形测绘、农业监测、环境保护、灾后评估等领域,传感器和载荷的多样性为不同应用提供了强有力的技术支撑。在传感器技术与载荷集成度不断提高的背景下,无人机的应用领域将进一步扩大,科技进步也将为各行业带来更多机遇与挑战。在这一过程中,如何优化传感器及载荷系统的性能以及协同作业能力,将成为未来无人机技术发展的重点。

三、测绘数据的采集与处理流程

无人机测绘技术能否顺利运用,离不开有效的数据获取和处理过程。在这一过程中,如何优质地收集数据以及如何有效地处理和转化数据,是决定最终测绘效果好坏的关键。伴随着无人机技术的发展,测绘任务的复杂度不断提高,数据采集及处理方法也在持续创新。从数据采集开始,到影像配准、数据清理、误差修正、精度评估,直至最后的数据呈现,每个环节都对测绘结果的精度与实用性产生直接影响[1]。通过分析实际应用案例,可以更深入了解测绘数据采集及处理流程中的实际运行情况以及面临的挑战。本部分将详细论述无人机测绘数据采集及处理流程,并结合行业实际情况,对各个环节的操作方法及存在的问题进行分析。

(一)数据采集的基本需求和过程

无人机测绘过程中,数据采集作为整个过程的首要步骤,其质量的优劣直接关系到后续数据处理及最终测绘成果的准确性。无人机通过携带传感器、相机以及激光雷达装置,在飞行时拍摄地面图像或进行激光扫描,以获取相关地区的详细信息。这些数据通常以影像、点云和红外等不同形式呈现,所涉及的地理信息范围广泛,包括地形地貌、建筑结构和植被覆盖等内容。高效的数据采集过程通常从任务规划开始。通过对飞行路径进行精细规划,可以确保无人机覆盖目标区域内的所有待测地块,避免漏测或数据冗余。在城市建筑物测绘中,飞行路径规划需要确保每一栋建筑物的外立面、屋顶及其他重要部位均能被拍摄,并在飞行过程中保持合理的影像重叠,为后续影像拼接及三维建模提供支持。

飞行高度速度参数的选取对于数据采集的准确性和效率有直接影响。就地形测绘而言,飞行高度越低,可以提供分辨率更高的图像,但会导致飞行时间增加;而更高的飞行高度虽能提升飞行效率,却会导致数据分辨率降低。飞行高度需根据测绘任务要求适当调整。在某农村地区土地资源调查项目中,无人机以较低飞行高度获取详细的农业用地资料,确保土地分类准确至每块土地边界。通过对飞行路线进行合理规划,减少飞行次数并最终高效、精确地完成数据采集任务。在进行数据采集时,除进行飞行规划和高度设置工作之外,还需保证设备运行稳定。无人机上的传感器在飞行

---

[1] 李通.旋翼无人机LiDAR技术在海洋滩涂测绘中的应用[J].测绘与空间地理信息,2025,48(03):163-165.

时必须保持稳定,以确保数据的高精度。当风速较高时,传感器可能受到扰动而影响数据精度。为降低这一扰动,现代无人机普遍装备高精度飞行控制系统及防抖技术,以保证数据采集的稳定性。基于上述研究,整理相关内容见下表。

表1-4 无人机测绘数据采集基本需求与过程

内容类别	关键要素与要求	应用与影响
数据采集工具	传感器、相机、激光雷达等	获取影像、点云、红外数据,涵盖地形、建筑、植被等信息
任务规划	精确设计飞行路径,避免漏测与冗余	确保覆盖完整、利于影像拼接与三维建模
飞行高度选择	低高度:高分辨率但效率低;高高度:效率高但精度低	根据任务灵活调整,如地形测绘、土地调查等
飞行速度控制	影响图像重叠率与扫描质量	与飞行高度搭配调整,确保数据清晰、完整
设备稳定性	保证飞行期间传感器运行稳定,防风干扰	提高数据精度,保障后续处理准确性
典型案例	农村土地调查使用低空飞行获取详细地块信息	实现高精度分类与边界识别

(二)数据处理核心环节和技术挑战

在数据采集工作完成后,下一步是将这些原始数据转化为有用数据。数据处理在整个测绘工作中处于核心地位,涵盖了从影像配准、拼接到误差分析和精度评估的多个方面。在此过程中,如何对海量数据进行处理、消除误差并提高精度,是一个重要的技术难题。影像配准和拼接是数据处理的关键环节。由于无人机在飞行中捕获的图像可能存在角度偏差,利用影像配准技术可以确保这些图像根据地理位置进行精确对齐。配准过程通常依靠地面控制点进行,通过算法对不同拍摄角度和时间下的图像数据进行融合,形成一幅完整的地图或模型。影像拼接质量的优劣直接影响后续三维建模及地图输出的准确性,而高质量的配准算法是实现这一目标的关键。

在一些复杂环境中,例如城市高楼密集的地区,影像配准过程中可能受到建筑物之间的阴影或反射的影响,从而导致影像无法完美衔接。先进的计算机视觉算法与多视角融合技术能够有效弥补这一不足,有助于提高拼接精度。在实际操作中,图像拼接的自动化程度不断提升,大幅减少传统人工拼接作业,从而显著提高工作效率。数据清理和修正是数据处理中不可忽视的环节。由于无人机飞行时容易受到天气变化和飞行路径偏差的影响,原始数据通常含有噪声或异常值,因此在处理时需要对其进行清洗。为了改善数据质量,数据处理软件通常采用滤波与校正技术来消除噪声点并修正偏差,以确保最终输出数据的准确性。

精度评估中一般采用与实际测量数据比较或利用地面控制点校正测量结果的方

法。在进行精度评估时，对误差源进行分析是至关重要的。常见误差源包括传感器自身精度、飞行路径误差以及环境因素的影响。这些误差需要通过数据融合与算法优化进行控制，才能保证最终测绘结果的精确性。举一实际应用案例：在某大桥巡检任务中，无人机携带激光雷达扫描设备获取了大桥的详细三维数据。由于风速较快，飞行中的细微震动导致某些数据点产生误差。经过数据清理及误差修正，有效提高了最终点云数据的准确性，顺利完成该桥结构的健康监测。

无人机测绘要想取得成功，不仅需要依靠高效的飞行平台，还需要准确的数据采集和后续处理过程。从飞行路径规划、传感器稳定性到影像配准误差修正，各个环节均需要高度的技术协作与精密运行。现代无人机测绘技术通过优化数据采集流程，利用先进的图像处理算法，可以在复杂环境下高效、准确地完成数据获取。然而，在数据处理环节中，如何解决数据质量问题和提高精度，仍是测绘技术不断创新的关键。在科技不断进步的背景下，无人机测绘技术的应用领域必将得到进一步拓展，测绘数据的获取和处理过程将变得更加高效和准确，从而为各行业提供有力的数据支撑。

四、数据存储与管理系统

无人机测绘过程中，数据存储和管理系统毫无疑问是关键环节。无人机可以在较短的时间内获取海量高精度地理空间数据，这类数据通常规模巨大且结构复杂。因此，如何对其进行有效、安全的存储是一个重要问题。同时，对这些数据进行管理与分析已成为整个测绘工作效果好坏的关键因素。数据存储及管理系统从数据收集到后期处理分析，既需要具备高效的存储能力，又需要拥有灵活的数据管理功能，以支持数据的快速检索、共享及分析。在大数据和云计算不断发展的背景下，如何应用这些新兴技术对数据存储和管理系统进行优化，也已成为无人机测绘领域中的一项重要任务。本书将对无人机测绘数据存储及管理系统进行深入探讨，分析其架构及功能，并结合具体实例讨论技术挑战以及未来的发展方向。

（一）数据存储的核心需求和技术实现

无人机测绘过程中生成的大量数据通常表现为影像、点云和视频等多种形式。这些数据量大、结构复杂，对数据存储系统提出了较高的要求。数据存储系统需要能够处理高分辨率影像和三维点云的海量数据，并保证高效存储和快速存取。在实践中，特别是在执行大比例尺测绘任务时，对数据存储系统的容量要求尤为突出。例如，一个大规模的城市测绘任务可能需要无人机飞行数百公里，才能生成几百 GB 的影像数据和三维点云信息。传统存储设备在这种背景下通常面临存储容量受限、数据处理速度较低等诸多问题。因此，针对无人机测绘数据的特点，开发高性能的数据存储系统显得尤为重要。这不仅能够满足测绘任务的需求，还能为后续的数据分析和应用提供坚实基础。

为满足上述要求,现代数据存储系统普遍采用分布式存储架构,以保证高效存储和快速检索数据。分布式存储能够将数据分散存储到多台设备或服务器中,规避单点故障带来的风险,同时增强系统的可扩展性。利用云存储技术,可以将数据实时上传至云端,并借助大数据分析平台对数据进行处理与分析。这样既减轻了本地存储设备的压力,又便于远程访问和共享数据。部分大型工程采用云存储技术,使无人机团队能够将数据实时上传至工程现场,并将信息分享给远程数据分析团队,从而提高工作效率。

某城市基础设施监测项目中,多台无人机对不同位置进行同步数据采集。传统存储方式可能无法同时满足上传和高效存储的要求。通过云端分布式存储系统,可以实现数据在云平台上的自动同步,既保证了数据存储的安全性,又加快了数据共享与协作。在这一过程中,数据管理系统发挥着至关重要的作用,它确保了数据上传、存储备份以及恢复过程的顺利进行。除了存储容量外,数据安全性也是至关重要的。由于无人机测绘数据往往涉及政府、军事及其他敏感信息,存储系统必须具备较高的安全防护能力。加密技术与访问控制是常用的保障措施之一。通过对数据进行加密处理,即使在存储过程中出现泄漏,也能够确保数据内容的安全性。通过权限管理与用户认证机制的设置,该数据存储系统可以有效控制不同用户的数据访问权限,避免数据被未经授权的人员存取或更改。

(二)数据管理面临的挑战及优化路径

对于无人机测绘而言,数据管理不仅是对数据进行存储,还包括整理、检索、共享、分析和备份。随着无人机获取的数据类型越来越多样化,如何对其进行有效管理已经成为一个新的难题。对这些数据进行有效的整理和归类,以便快速检索和加工,是数据管理的基本要求。无人机获取的数据通常包括高分辨率影像、点云数据和激光雷达扫描结果,而不同类型的数据需要采用不同的存储和处理方法。为了更高效地进行数据管理,通常需要设计一个统一标准的数据库结构或数据格式,以便对各种数据进行存储与整合。

在实践中,对数据进行标签化和元数据管理是提高数据检索效率的行之有效手段。元数据描述了数据的内容、来源、时间、空间及其他属性,对每批数据进行了详细标注和归类,从而能够快速实现查询和定位。某农业监测项目利用无人机获取大范围农田影像数据。为确保后续分析顺利进行,数据存储系统会为每张影像数据添加拍摄时间、飞行高度和区域位置信息等元数据标签。通过对这些元数据的标记,用户能够方便检索特定区域和特定时间段的数据,这极大地提高了数据管理效率。

在数据量日益增长的情况下,传统管理方式通常难以满足快速检索的需求。此时,运用大数据技术显得尤为重要。大数据平台通过并行计算、高效数据库查询以及分布式数据处理，可以显著提高数据存储与管理的效率。在某次涉及城市多区域环境监测的工程中，多台无人机同步进行数据采集。该管理系统通过大数据平台的部署，可以对各地区数据进行实时存档，提供多维度的数据分析与查询，有助于项目团队迅速掌握环境变化与监测结果。在对数据进行整理与分类的同时，其共享与协作也是管理系统中面临的一项重要任务。在多方参与的工程中，如何保证各团队间数据的高效共享与协作同样值得关注。特别是在跨地域、跨部门协作中，数据共享平台与手段显得尤为重要。在云平台的基础上实现数据共享功能，使不同团队能够同时对数据进行存取与处理，从而减少重复劳动与沟通障碍。基于上述研究，整理相关内容见下表。

表 1-5 无人机测绘数据管理挑战与优化路径

挑战/需求	面临的问题	优化路径与解决方案
数据整理与归类	数据类型多样，如何快速检索与加工	设计统一标准的数据库结构与数据格式
元数据管理	数据源、时间、空间等属性需标注与分类	使用元数据标签化方法，提升数据检索效率
数据量增长	传统管理方式难以适应快速检索的需求	应用大数据技术进行并行计算与分布式数据处理
数据存储与共享	多方协作中如何实现数据共享与高效合作	利用云平台搭建数据共享系统，支持跨部门协作
实时监测与分析	在多区域数据采集中如何快速存档与分析	部署大数据平台，提供多维度分析与实时查询功能
数据备份与安全	大量数据的安全性与备份问题	高效的备份机制与数据安全管理方案

无人机测绘数据存储与管理系统是保障测绘高效、精准开展的基石。从存储海量数据到准确进行管理及检索，这类系统不仅要求具备强大的存储能力，还需要具备高效的数据组织、共享及分析功能。在实际应用中，采用云存储、分布式存储和大数据技术能够有效处理无人机测绘所产生的大量数据。同时，通过元数据管理和标签化的大数据平台技术的应用，显著提高了数据管理的效率。在无人机测绘技术日益发展的背景下，数据存储和管理系统将面临更加复杂的数据处理需求。通过对系统的持续优化，行业将能够更好地应对未来挑战，推动无人机测绘技术向更广阔的应用场景发展。

第三节 无人机测绘技术的关键技术

一、飞行控制技术

无人机飞行控制技术作为现代无人机平台中最核心的技术,决定着无人机运行的稳定性、精度和适应性。在多种复杂应用环境下,无人机需依靠飞行控制系统完成自主飞行、姿态控制、导航和路径规划。伴随着无人机技术的发展,飞行控制技术不断取得突破,尤其在精准飞行、复杂环境适应和抗干扰能力上取得了明显进步。在无人机测绘、应急响应和环境监测中,飞行控制技术不断创新,为无人机高效运行与精准实施提供技术保障。本节主要讨论无人机飞行控制技术的基础原理、关键技术及其在实践中面临的挑战与发展趋势。

(一)飞行控制系统基本原理和核心组件

飞行控制系统作为无人机实现平稳飞行的"大脑",通过实时计算与调整,确保无人机按照预定航迹运行。飞行控制系统的工作原理基于反馈控制理论,其核心组件包括传感器(如加速度计、陀螺仪、磁力计、气压计)、执行器(如电动机、舵机)以及控制算法。这些部件协同作用,通过获取飞行数据并与预设参数对比,对飞行器的姿态、航向、速度和高度参数进行实时调节。

无人机飞行控制系统通常采用闭环控制技术,传感器实时反馈数据为系统提供信息支持,控制系统根据这些数据进行分析计算,生成相应的控制指令并传递给执行器进行调节。在飞行过程中,无人机持续收集加速度和角速度数据,并通过控制算法对数据进行处理,将指令传输至电动机,从而控制机体的旋转速度或旋转角度,以确保无人机的稳定飞行。现代飞行控制系统还利用 PID(比例–积分–微分)控制器对误差进行调整,使飞行中的每一个动作更加平滑和精准。一个实际应用案例是复杂地形条件下的无人机飞行控制问题。在山区或森林等环境中,无人机常常面临风速变化和地形起伏的挑战。飞行控制系统能够实时调节飞行器的姿态和飞行轨迹,确保飞行稳定。在某山区灾后评估过程中,该飞行控制系统通过传感器感知飞行器的倾斜角度及高度变化,并及时调整飞行路径,以避免无人机因地形变化而偏离目标区域。

导航和定位技术在飞行控制系统中也发挥着至关重要的作用。当代无人机通过融合 GNSS 与惯性导航系统(INS),实现了高度精确的定位和路径设计。GNSS 为无人机提供全球定位数据,而惯性导航系统则利用加速度计和陀螺仪追踪无人机的移动速度、方向和加速度,即使在 GNSS 信号缺失的情况下,也能提供稳定的定位信息。这种结合极大增强了无人机在复杂环境中的适应性与稳定性。

（二）无人机倾斜摄影测量技术的应用与研究

1. 技术原理与核心优势

无人机倾斜摄影测量技术通过搭载多视角相机系统(通常为五镜头组合,包括一个垂直镜头和四个倾斜镜头),从不同角度同步采集地面目标影像数据。结合高精度定位定姿系统(POS)与三维建模算法,该技术能够生成具有高分辨率和多角度的三维实景模型。相较于传统正射影像测量,倾斜摄影测量技术的核心优势体现在以下三个方面：多维度数据获取可捕捉建筑立面、地形起伏等垂直视角信息,弥补正射影像的视角局限；高效率与低成本特性使无人机单架次可覆盖数平方公里区域,数据采集效率较人工测绘提升十倍以上,成本降低60%~80%；真实纹理还原技术通过影像匹配与纹理映射技术,保留地物真实色彩与细节,支持虚拟漫游与交互分析。近年来,随着轻小型化传感器(如2400万像素五镜头)与智能航线规划软件的普及,倾斜摄影测量技术已从专业测绘领域扩展至智慧城市、应急管理等多种场景。

2. 行业应用场景与典型案例

无人机倾斜摄影测量技术在多个领域展现出显著的应用价值。在智慧城市与数字孪生建设中,深圳前海自贸区通过倾斜摄影生成分辨率为0.05米的三维城市模型,结合 BIM 技术实现地下管网与建筑结构的可视化集成,为城市规划与灾害模拟提供数据支撑；在文化遗产保护与修复中,敦煌莫高窟采用倾斜摄影技术对洞窟外立面进行毫米级精度扫描,生成三维数字档案以辅助病害分析。某省级文物部门已完成300余处古建筑的三维建模,为修缮方案制定提供精准依据；在应急测绘与灾情评估中,2023年京津冀暴雨洪涝灾害期间,应急测绘队伍利用倾斜摄影技术在2小时内获取受灾区域三维影像,通过模型比对分析道路损毁与房屋倒塌情况。四川森林火灾扑救中,该技术通过三维推演有效提升灭火效率；在工程监测与施工管理中,港珠澳大桥运营期间,通过倾斜摄影定期采集桥体三维点云数据,结合 BIM 模型实现桥墩沉降与裂纹预警。某智慧工地平台集成该技术后,实现施工进度三维可视化与土方量动态核算,项目成本降低12%。上述应用场景为相关行业提供了重要技术支持,具体应用如图2所示。

图 2 无人机倾斜摄影测量技术在各个领域的应用场景

3. 技术发展趋势与挑战

当前,无人机倾斜摄影测量技术正朝着智能化与自动化方向升级。例如,通过深度学习算法自动识别影像中的车辆、树木等地物,或利用边缘计算设备实现无人机端的实时三维重建。同时,多源数据融合已成为发展趋势。倾斜摄影数据与 LiDAR 点云、卫星影像相结合,可显著提升复杂场景的建模精度。例如,在山区测绘中,无人机 LiDAR 技术可穿透植被,获取真实地形数据。标准化与规范化建设亟待推进,中国测绘科学研究院已发布《无人机倾斜摄影测量技术规程》,对像控点布设与模型精度评定等环节进行了规范。然而,该技术仍面临诸多挑战,包括复杂环境适应性(如高层建筑密集区的定位精度不足)、数据安全与隐私保护(涉及敏感信息时需加强加密措施)、跨平台协同(多无人机协同作业时的数据同步与模型拼接技术尚待突破)等问题。未来,随着 5G 通信和区块链等技术的引入,倾斜摄影测量将进一步向"空天地一体化"方向发展,为数字中国建设提供更强大的三维空间数据支撑。

飞行控制技术在无人机系统中处于核心地位,对保障无人机的稳定性、精确性以及自主性具有重要意义。从基本飞行控制原理向现代智能自主飞行技术转变的过程中,飞行控制系统的持续发展促进了无人机在各领域的广泛应用。通过不断优化飞行控制算法、提升自主决策能力以及加强环境适应性措施,无人机能够在日益复杂的环境中高效运行。随着科技的不断革新,飞行控制技术也将朝着更智能化和自主化的方向不断发展,从而为无人机在精准农业、城市建设以及灾害应急等诸多领域的应用提供更有力的技术支撑。

二、导航与定位技术

无人机导航和定位技术是无人机能够在复杂环境下独立飞行和执行任务的关键所在。无人机通过高精度导航和定位技术，才能准确完成地形测绘、农业监测和灾后评估等多种工作。随着科技的持续发展，无人机的导航和定位系统已从传统的全球定位系统（GNSS）逐步转变为融合多种传感器的综合系统，从而增强了其在多变环境中的适应能力和稳定性。在无人机广泛应用不断深入的今天，人们对导航及定位的精度及稳定性提出了更高的要求。在城市环境、山区、地下环境复杂或者GNSS信号有限的地区，无人机导航定位技术面临空前的挑战。本书将对无人机导航定位技术的原理、发展及挑战进行论述，并结合具体应用案例分析该技术的现状及未来发展趋势。

（一）传统和现代导航技术的发展变化

无人机的导航技术在早期主要依靠GNSS来实现定位和导航功能。GNSS系统利用卫星信号提供的位置信息，能够简便、直接地对无人机进行地面定位。伴随着科技的发展，GNSS已经逐步成为无人机导航中的标配，尤其是在开阔地带，GNSS系统可以提供充足的定位精度与稳定性。然而，在城市峡谷、密林或者高山地区等复杂环境下，GNSS信号容易被遮挡或干扰，从而导致无人机定位精度降低，甚至完全失去信号。这对测绘、环境监测等高精度任务构成严重制约。

为解决这一难题，当代无人机导航系统逐步将各种传感器与技术结合起来，以提高导航精度与稳定性。惯性导航系统（INS）是整个系统中的关键组成部分。INS利用加速度计和陀螺仪测定无人机的各种运动参数，如加速度和角速度，从而准确计算出无人机的速度和位置，有效弥补GNSS在信号微弱或丢失时的局限性。惯性导航系统的一大优点是它不需要依赖外界信号，即使在GNSS出现故障的情况下，也能保持长时间的自主导航能力。在实际应用中，现代无人机通常将GNSS与INS联合应用，以保证在开阔地区依靠GNSS提供高精度定位，而在受信号限制的地区则依靠INS进行定位补偿。

当城市建筑物巡检完成后，高楼大厦之间经常遮挡GNSS信号。此时，无人机的惯性导航系统具有重要意义。它可以通过内部传感器维持对无人机飞行状态的监控，确保无人机能够连续飞行并实现准确定位。许多现代无人机已经采用视觉惯性里程计（VIO）技术。这项技术结合视觉传感器和惯性测量单元，为用户提供一种更为精确的定位手段，特别是在复杂环境中的应用表现尤为出色。

（二）传感器融合和多模态定位的革新

为了进一步提升无人机导航和定位系统的准确性与稳健性，传感器融合技术和多模态定位方法近年来逐渐成为主流趋势。通过融合不同种类的传感器数据，无人机能够获取更加全面且精准的定位信息。除了 GNSS 和 INS 技术外,通过引入激光雷达(LiDAR)、视觉传感器、雷达和超声波传感器等先进技术,无人机得以在更复杂的环境条件下实现高精度的导航和定位功能。激光雷达(LiDAR)系统通常用于高精度地图绘制与三维建模。LiDAR 通过激光扫描技术,可以准确测定周边环境的距离和形状,并生成详尽的点云数据,从而为无人机提供高度精确的环境感知能力。在执行室内导航或在森林、峡谷等遮挡较大的地区时,LiDAR 可以通过提供准确的地形信息帮助无人机有效躲避障碍物,从而实现高效且稳定的飞行。

视觉传感器则通过图像识别技术实现环境感知。结合计算机视觉算法,无人机可以"看到"周围的环境,并基于此进行路径规划。通过图像匹配和特征提取,视觉传感器能够提供高精度的位置更新,并通过与其他传感器(如 IMU、LiDAR)的融合,实现精准定位。在开展森林巡检工作时,无人机可以利用视觉传感器采集周边树木的特征,并结合 LiDAR 点云数据准确感知其三维空间位置,基于实时数据调整飞行路径。

超声波传感器经常被用于近距离探测障碍物。虽然超声波传感器的检测范围较小,但在低空飞行和精准避障方面发挥了举足轻重的作用。在室内飞行或建筑物近距离测量过程中,超声波传感器可以实时探测周边障碍物的位置并即时反馈信息,从而帮助无人机避免碰撞。多传感器数据融合技术在 GNSS 无法有效提供定位信息的情况下,展现出极大的优越性。典型的应用场景之一是将无人机用于地下管道巡检作业。传统 GNSS 信号无法渗透到地下环境中,因此无法为无人机提供有效的定位支持。通过将 LiDAR、视觉传感器和超声波传感器相结合,无人机可以在地下环境中实现精确导航,同时实时建立三维地图并提供准确的定位反馈。这种多模态定位技术的组合,使无人机即使在复杂且无法采用传统定位技术的环境下,仍能执行高精度的导航任务。

无人机导航定位技术对飞行控制的重要性不容忽视。从最初依赖 GNSS 进行定位的单一方式,发展到如今集 INS、LiDAR、视觉传感器等多种技术于一体的复杂体系,导航技术的进步不仅提升了无人机对复杂环境的适应能力,还增强了无人机的精度与稳定性。通过不断创新,传感器融合与多模态定位技术为无人机带来更多选择与更高的精度,尤其是在 GNSS 信号不稳定的城市峡谷、山区或地下环境中,展现出其独特的优势。随着科技的深入发展,无人机有望变得越来越智能,能够在愈加复杂和动态的环境中高效完成任务,从而推动更多领域实现创新应用。

三、数据采集与处理技术

伴随着无人机技术的飞速发展,数据采集和处理技术已经在现代测绘、环境监测和农业应用方面发挥越来越重要的作用。无人机可以通过携带光学相机、激光雷达和红外成像仪等不同类型的传感器来快速、有效地采集多种环境数据。数据采集只是首要环节,如何对这些大范围、多种类的数据进行高效的处理和分析,是保证测绘任务准确执行的关键所在。从数据清洗到影像配准,再到数据融合和三维建模,各个环节均需要有效的技术手段作为支撑[1]。在实践中,无人机获取的数据信息规模大、结构复杂,如何对其进行有效的组织和处理,已成为技术研究和实践中的重点问题。本书将对无人机的数据采集和处理技术进行深入分析,探讨其工作机制、所面临的挑战以及未来的发展方向,并通过实际的行业应用案例加深对这些技术进展的认识。

(一)对数据采集技术的创新和运用

数据采集作为无人机测绘过程中的首要环节,其质量好坏直接影响后续数据处理与分析的准确性。无人机携带的传感器可以在大范围内快速采集高质量数据,尤其是在需要精细化测量且覆盖范围广的情况下,传统方法的不足愈发明显,而无人机的优势则得以充分体现。光学传感器和LiDAR被广泛应用于地形测绘、城市规划和森林资源监测等领域。光学相机可拍摄高分辨率影像数据,适用于地表形态的记录与分析;而LiDAR利用激光扫描技术可以提供高精度的三维点云数据,在复杂地形或密林环境中表现出显著优势。

进行数据采集时,传感器选型至关重要。以农业监测为例,利用无人机搭载多光谱相机,可实现对农作物健康状况、土壤湿度和植被指数的实时监控。与传统地面调查相比,这些传感器可以收集不同光谱反射数据,并提供更广泛且更准确的农田信息。基于这些数据,农户可以优化灌溉及施肥方案,从而改善作物的产量和品质。在红外成像技术不断发展的背景下,无人机还能够探测热量的微小变化,为能源管理以及建筑物检测提供有效支持。

在城市建筑密集区或山区等复杂环境中,无人机的定位及飞行稳定性显得尤为重要。现代无人机搭载的高精度传感器不仅能够实时采集数据,还可以根据周围环境自动调整飞行模式。在完成城市建筑测绘任务后,无人机通过携带高分辨率光学相机与激光雷达,对GNSS信号较弱的区域进行精准定位,以确保获取准确的三维点云数据。这种灵活的采集能力使无人机在城市建设、灾后评估和应急响应方面成为重要工具。

(二)数据处理技术方面的挑战和突破

尽管数据采集本身已经取得显著进展,但如何处理庞大且复杂的数据集依然是无人机测绘技术面临的巨大挑战。数据处理技术的核心目标是将原始数据转换为有用的信息,同时确保数据的准确性、完整性与高效性。影像配准与拼接、三维建模以及精度评估是数据处理中的重要环节,而准确的算法和强大的计算能力在上述流程中起关键作用。

---

[1] 赵国华.基于无人机倾斜摄影的矿山地质数字化测绘技术研究[J].科学技术创新,2025,(08):13-16.

影像配准与拼接是数据处理过程中最基本且最复杂的环节。鉴于无人机在飞行过程中捕获的图像可能存在角度偏差，配准技术必须对这些图像进行精确的对齐处理。现代图像配准技术通过特征点匹配和几何校正，实现对不同角度、不同时间采集的图像进行无缝拼接。在实践中，特别是在大面积地形测绘中，图像配准的准确性直接决定最终地图的精度。针对拼接过程中可能出现的图像重叠现象，现有的无人机数据处理系统开始引入深度学习算法，以对大规模数据集进行自动化处理，从而减少人工干预并进一步提升效率。

典型例子之一是在执行大规模城市测绘任务时，多架无人机在不同地区分别同时进行飞行和图像采集。通过高级配准算法成功地将全部图像拼接成高分辨率全景图，同时每幅图像上的建筑物、道路及绿化带均能清晰显示出来，从而保证后续分析的精度。数据清洗技术在其中也发挥着至关重要的作用。由于飞行时外部环境可能发生变化，所收集的资料往往含有噪声或异常值。该处理系统通过采用滤波器和插值算法校正技术，可以有效剔除这些非精确数据，从而提升数据的整体质量。完成影像拼接与数据清理之后，三维建模技术成为数据处理的另一关键步骤。三维建模将二维影像数据转换为三维空间模型，可以更直观地表现地形和建筑地理要素。不论是对建筑物进行建模、地形分析，还是对灾后重建进行评价，三维建模技术均可以为空间信息提供深入分析，有助于相关工作人员对地理信息进行更深层次的理解。近几年，由于图形处理单元（GPU）的广泛应用和计算能力的提升，三维建模技术在效率和准确性方面都有显著进步。

在现代测绘和地理信息系统（GIS）中，无人机的数据收集和处理技术已经变得至关重要。通过携带先进传感器，无人机可以在较短时间内采集到海量优质数据，特别是在地形测绘、城市规划和农业监测方面，展现出得天独厚的优势。然而，复杂的数据处理仍是不容忽视的难题，影像配准、数据清洗和三维建模都需要精准的技术支撑。在算法不断优化与计算能力持续增强的背景下，无人机数据处理技术将变得越来越高效与智能，促使更多产业实现数字化转型。伴随着人工智能、大数据以及云计算的深入发展，数据采集及处理技术也将变得更加强大，这也为无人机在各领域中的应用打开更多可能性。

四、精度控制与误差分析

无人机测绘技术应用广泛，在提升效率、降低成本方面取得显著成功。然而，为了保证测绘数据的准确性，精度控制及误差分析技术是不可缺少的。测绘资料的准确性直接决定测绘结果的有效性。在实际应用过程中，测绘资料难免会受到外界因素、传感器误差以及飞行稳定性等多种因素的影响而出现错误。因此，严格把控精度、综合分析误差，成为确保无人机测绘成果高质量的核心工作。精度控制不仅是单纯地提高测量精度，还需要对整个测绘过程进行全面优化，包括飞行路径规划、传感器选型、数据采集以及对数据的跟进、分析与修正。各个环节都直接关系到最终结果的准确性[①]。本书将对精度控制及误差分析技术进行深入探讨，分析该技术在无人机测绘过程中所面临的应用及挑战，并通过具体实例阐述该技术的重要性及实现策略。

（一）精度控制的基本原则和技术手段

精度控制旨在尽可能减小测绘过程中的误差，以保证所收集的资料准确反映实际地理特征。它既依赖高精度测量设备，也需要合理规划和实施飞行任务。在无人机测绘过程中，飞行器的稳定性、传感器的精度和外界环境的影响因素都会对测量结果产生显著偏差。因此，如何在无人机飞行的各个环节中实现精度控制至关重要。规划飞行路径是精度控制的核心环节之一。飞行路径需根据测绘任务的具体要求进行精细化设计。飞行员或自动化系统需要综合考虑飞行高度、速度和重叠度，以确保无人机在飞行过程中对每个区域进行有效且精确的覆盖。以地形测绘为例，飞行路径的重叠程度必须保持在适当范围内，通常要求航线的重叠比例至少达到70%至80%，以确保数据的连续性和完整性。采用适当的飞行策略可以有效减少因飞行路径偏差导致的测量误差。

传感器的选型与标定是影响精度控制的另一个关键环节。在无人机测绘中，常用的传感器包括光学相机、激光雷达（LiDAR）以及多光谱传感器。这些仪器的测量精度直接决定了数据收集的准确性。在进行高精度地形测量时，LiDAR传感器能够提供厘米级的高精度点云数据，而光学相机则容易受到天气和光照条件的影响，从而导致成像误差。因此，选用合适的传感器和定期进行标定是精度控制中不可忽视的环节。对传感器进行标定不仅可以消除设备自身的系统误差，还能够根据外界环境的变化进行适应性调整，从而进一步提高测量精度。

精度控制在实践中需要考虑环境因素对精度的扰动。强风或恶劣天气可能导致无人机飞行不稳定，从而进一步影响测量数据的精度。在某些复杂地形（例如山区或建筑密集区），GNSS信号可能受到干扰，导致定位误差。这时通常需要结合其他传感器（如惯性测量单元IMU）来补偿GNSS信号的不足，以进一步提高数据的精度。

（二）误差源分析及修正策略

无人机测绘中误差无处不在，且来源多样，既有装备自身精度误差，又有外界因素对飞行造成的影响。在精度控制中，对误差源进行分析和校正至关重要。确定误差来源并采取适当修正措施，是提高测量精度的重要一步。常见的误差来源包括以下几个方面。

[①] 于雪芹,张涛.基于无人机技术的长春市普安新区1∶1000地形图测绘[J].四川建材,2025,51(03):86-89.

首先是传感器自身精度的限制。每种传感器在设计时都存在一定的误差范围,尤其是在长期使用或高负荷运行情况下,设备精度可能会下降。其次是环境因素的影响。风速变化、温度波动以及湿度环境的变化都会对无人机的飞行稳定性产生影响,从而导致数据偏差。特别是在城市环境中,高楼大厦的遮挡或反射可能导致 GNSS 信号畸变,进而影响定位精度。此外,飞行时的震动以及传感器对齐问题也会对数据的采集产生不利影响。

为了有效修正这些误差,需要利用地面控制点(GCPs)对数据进行精确标定。通过在测量区域内布设已知坐标的地面控制点,可以辅助无人机对数据进行准确校正。地面控制点的使用能够显著减少因飞行路径、传感器误差以及其他因素引起的错误。在数据处理阶段,误差修正技术同样至关重要。通过多点数据校准和误差剖面分析,测绘人员可以辨识误差较大的数据,并对数据偏差进行插值和平滑处理。在高程数据采集过程中,通过与真实地面高程的匹配,可以校正点云数据的精度,确保测量结果和真实地形高度吻合。

以某地形测绘项目为例,无人机通过 LiDAR 系统采集了大范围的点云数据。在数据处理阶段,结合地面控制点坐标对点云数据进行修正,发现某些地区的点云数据存在较大偏差。通过误差剖面分析,确定主要误差源是由于飞行时风速变化导致姿态不稳定。经过进一步的数据优化与校正后,最终产出的三维模型达到了厘米级精度,满足了客户的高标准要求。

精度控制和误差分析是无人机测绘的关键环节,决定着最终测绘成果的可靠性和应用价值。合理规划飞行路径,准确选择和标定传感器,并采取有效的外界环境干扰应对措施,可以在很大程度上降低测量误差。对误差源进行深入分析并制定相应的修正策略,可以确保最终数据的准确性和一致性。随着无人机技术的不断发展,尤其是在传感器技术和飞行控制系统方面的创新,精度控制及误差分析将变得越来越智能化、自动化,从而进一步提升无人机执行高精度测绘任务的能力。这将使无人机测绘技术发挥更大的潜能,为城市规划、灾害监测以及农业精准化管理等行业提供更为准确和有效的数据支撑。

第二章 无人机平台与传感器技术

第一节 无人机平台的类型与选择原则

一、固定翼无人机

在众多无人机种类中，固定翼无人机以其优异的飞行效率与广泛的应用范围，始终是测绘、环境监测与灾后评估的核心手段。与多旋翼无人机不同，固定翼无人机由于其独特的气动设计以及更长的飞行续航能力，可以实现长时间高效工作。这确保了它在需要广泛覆盖的任务中，如大规模地形测量、农业监测和海洋观测，展现出卓越的性能。固定翼无人机在运行和控制方面较为复杂，其应用领域虽广，却面临一些局限。理解固定翼无人机的工作原理、优点、应用场景和挑战，对相关产业从业者尤为重要。

（一）固定翼无人机设计及工作原理

固定翼无人机的机翼设计与传统飞机相似，升力由机翼产生，推力由螺旋桨或涡轮提供。与多旋翼无人机主要依靠多个旋翼产生升力不同，固定翼无人机主要依靠机翼的气动特性保持飞行。在飞行过程中，固定翼无人机通过维持一定的前进速度和机翼产生的升力，使飞机稳定悬浮在空中。这种设计使固定翼无人机能够以较高的巡航速度飞行，并具有较长的飞行时间。固定翼无人机的飞行原理虽然简单，但飞行效率较高。无人机的动力系统通常包括发动机与推进螺旋桨两部分。发动机为无人机提供持续动力，并驱动无人机沿预定的飞行路径飞行。在飞行过程中，飞行控制系统通过多种传感器（如加速度计、陀螺仪和气压计）实时监控飞行器状态，并通过控制舵面和油门调整飞行姿态，确保飞行器沿设定航线稳定飞行。

大比例尺地形测绘中，固定翼无人机可携带高精度光学传感器或激光雷达连续采集数据。固定翼无人机因其飞行时间长、覆盖范围大的特点，可以高效地执行任务，从而避免传统人工测绘方法耗费大量人力物力的支出。在某远程地区的测绘任务中，固定翼无人机经过连续6个多小时的飞行，成功实现了500平方公里范围内的覆盖，极大提升了工作效率及数据准确性。

然而，固定翼无人机也存在明显的局限性。它需要更长的跑道才能起降，对起降空间提出了更高的要求。与多旋翼无人机相比，固定翼无人机的操控性较差，不能像后者一样悬停于空中，因此不适用于某些要求精细操作或实时监控的工作。固定翼无人机更适合需要长时间飞行且涉及范围较大的任务，在农业监控、大型建筑勘察和地理勘测中较为常见。基于上述研究，整理相关内容见下表。

表2-1 固定翼无人机设计及工作原理

组成部分	功能与设计要求	典型应用与特点
飞行原理	通过机翼产生升力，螺旋桨或涡轮提供推力	高效率飞行，长时间稳定巡航
动力系统	包括发动机与推进螺旋桨	提供持续动力，驱动无人机沿预定路径飞行
飞行控制系统	利用传感器（加速度计、陀螺仪、气压计）实时监控飞行状态	控制舵面与油门，确保稳定飞行

（二）固定翼无人机应用领域及优点

固定翼无人机在大面积区域监测和数据采集勘察任务中具有广泛用途。在大比例尺测绘任务中，其优势尤为突出。相比多旋翼无人机，固定翼无人机能够以更低的能量消耗完成更长时间的大范围覆盖。其飞行速度较快，续航时间较长，这使得它在远程地区的环境监测、资源调查以及环境评估中表现出显著优势。以农业监测为例，固定翼无人机在大面积农田监测任务中得到了广泛应用。传统的农业监测方法通常依赖人工或卫星影像进行，不仅费时费力，还受到天气和设备条件的诸多限制。固定翼无人机可以携带多光谱传感器进行低空飞行，获取高清图像，并实时反馈农作物生长状况和土壤湿度等重要信息，从而为精准农业的发展提供科学依据。利用无人机开展的大范围作物监测能够帮助农户及时发现病虫害和施肥不均匀等问题，以便在早期采取有效措施，从而显著提高农业生产效率及作物产量。

除农业外，固定翼无人机在森林资源监测、环境保护和海洋监测方面的应用也越来越广泛。在森林资源监测方面，固定翼无人机携带LiDAR传感器可以准确测量森林的高度、密度及健康状况，为森林管理和生态保护工作提供丰富的高精度数据。从环境保护角度来看，固定翼无人机可应用于空气质量监测和气候变化相关的大规模环境数据采集任务，特别适用于交通不便的地区。固定翼无人机不仅续航时间更长，更重要的是运营成本较低。当执行大范围任务且对时间要求较高时，固定翼无人机可以高效完成任务，同时减少航班数量，从而降低总体运营成本。

例如，在某环保项目中，固定翼无人机仅需飞行几次即可完成大面积湿地环境的监测，从而避免人工测量及传统卫星影像产生的高昂费用。此外，固定翼无人机还能够携带多个传感器同步采集多种数据，进一步提升作业效率。

固定翼无人机也存在明显不足。它们通常要求较长的起降跑道，因此在某些缺乏机场设施的地区运行存在一定难度。固定翼无人机既不能悬停，也不能像多旋翼无人机一样灵活处理复杂任务，这使其在某些需要高精度、实时监测的任务中表现不如多旋翼无人机。尽管如此，固定翼无人机作为一种高效且稳定的飞行平台，在众多行业中展现出极大的潜在应用价值。其飞行时间长、能耗低、速度快的特点，使其在大比例尺测绘、农业监测和环境监测任务中具有显著优势。尽管固定翼无人机在长航时、高效覆盖方面表现优异，但其对起降空间的高要求以及无法悬停的特点限制了其在某些任务中的应用。在无人机平台选型过程中，需要结合具体任务需求，从飞行稳定性、任务种类以及实施难度等方面进行综合考虑，选择最适合的无人机平台。随着科技的发展，无人机设计也在不断革新，固定翼无人机未来将在更多领域扮演重要角色。

二、多旋翼无人机

在无人机技术日益发展的今天，多旋翼无人机凭借其特殊设计与广泛应用性，已成为当代测绘、拍摄与巡检的重要工具。与传统固定翼无人机相比，多旋翼无人机飞行灵活性更高，可以实现悬停、精准定位以及低空飞行功能，使其在许多需要精细操作的工作中表现突出。多旋翼无人机在建筑检测、农业监测、灾后评估和环境保护方面具有不可替代的重要作用。尽管多旋翼无人机的飞行时间通常较短，但其灵活性和高精度操作能力使其能够在众多领域中为高效完成任务提供技术保障。本部分将深入探讨多旋翼无人机的结构原理、优点及应用场景，并分析其在各种环境下的性能，探讨该技术未来的发展潜力。

（一）多旋翼无人机设计原则及飞行特性

多旋翼无人机的设计原理和飞行方式决定了它是当代无人机技术的一大亮点。与固定翼无人机依靠机翼产生升力不同，多旋翼无人机通过多个旋翼（通常为4个或6个以上）共同提供升力和推进力，形成一种较为稳定且灵活的飞行平台。各旋翼可自主控制速度，并通过调节速度实现无人机的姿态控制及方向调整。多旋翼无人机能够轻松实现悬停、上下飞行和沿任意方向平移，从而显著提高其作业精确度。四旋翼无人机（俗称四轴无人机）是最常见的一种类型。这类无人机配备4个电动旋翼，每个旋翼的转速与方向均可分别调整，从而实现对无人机飞行的精确控制。在四旋翼无人机的飞行过程中,两对斜向旋翼逆向转动,其产生的推力与扭矩相互抵消,以确保飞行的稳定性。正因如此,四旋翼无人机具有结构简单、维修方便以及操作难度较低的特点。

尽管多旋翼无人机在灵活性方面具有明显的优势,它们也面临一些挑战。最突出的问题是飞行时间有限。由于多旋翼无人机的旋转动作和电池电量的消耗,这些无人机的飞行续航通常相对较短,一般在20至40分钟的范围内。这导致它们在执行广泛任务时需要多次飞行或中途更换电池。尽管多旋翼无人机可以实现低空区域的精准作业,但其飞行速度与覆盖范围与固定翼无人机相比仍然受到限制。多旋翼无人机主要用于需要高度精确和操作灵活性的任务,而不是用于大规模、长时间的飞行任务。在对城市建筑进行巡查时,无人机需悬停于建筑物不同部位,准确获取各种视角下的影像数据。四旋翼无人机已经在这类任务中显示出卓越的性能。与传统人工检测方式相比,采用无人机不仅可以提高工作效率,还能保证数据采集的高精度,同时避免高空作业带来的风险及昂贵费用。

(二)多旋翼无人机的应用领域及实际案例研究

多旋翼无人机正被越来越多地应用于各行业,尤其是在要求高精度和灵活作业的场景中,其优势愈加凸显。多旋翼无人机在城市建筑检测、环境监测、灾后评估和农业监控中扮演重要角色。

在城市建筑检测方面,多旋翼无人机的应用尤为广泛。现代城市中,高楼大厦鳞次栉比,人工登高对建筑外立面和屋顶设施进行巡检面临诸多风险和挑战。多旋翼无人机可以在短时间内完成上述检查任务,并提供高清晰度图像或视频数据,辅助工程师对建筑物进行实时状态监测。例如,在某高楼外立面探测任务中,四旋翼无人机携带高清摄影设备迅速飞行至建筑不同层的外部,并对其进行全方位扫描。这种方式不仅提高了工作效率,还规避了传统人工检测过程中可能出现的高空作业风险。

在农业监测领域,多旋翼无人机展现了广阔的应用前景。农业是一个高度依赖无人机技术的产业,特别是在精准农业的推进过程中,无人机为作物监测提供了一种高效的解决方案。通过携带多光谱或红外成像传感器,无人机可以实时监测农田中作物的生长状况、土壤湿度和病虫害等重要信息。例如,在某农作物健康监测项目中,利用四旋翼无人机对广阔农田进行了多光谱数据的收集,并通过这些数据分析得出NDVI(归一化植被指数)的数值。农场主可以据此识别作物生长不均匀或病虫害侵扰严重的区域,从而及时采取相应措施进行处理,保障农田生产效率与作物质量。

将多旋翼无人机用于灾后评估具有重要的应用价值。传统的灾后评估工作通常需要大量手工操作,流程烦琐且效率较低。而配备高清摄像设备的多旋翼无人机能够快速进入灾区,采集高清影像数据,从而协助相关部门对受灾情况进行实时评估,并制定应急响应计划。在某次洪水灾害中，救援队伍利用无人机快速采集灾区影像，为评估基础设施损毁程度提供了第一手资料，大幅提升了灾后评估的效率与精度。

然而，多旋翼无人机的使用过程中仍面临一定的挑战。特别是在任务时间较长、监控范围较广的情况下，飞行时间受限成为一个重要的制约因素。随着电池技术和能源管理技术的不断发展，多旋翼无人机有望突破这一限制，并进一步扩大其在各个产业中的应用潜力。

多旋翼无人机以其高灵活性和精准的飞行控制能力，在现代无人机测绘、环境监测以及灾后评估等领域发挥了不可替代的作用。其悬停能力强、低空飞行精度高、部署速度快的特点，使其在城市建筑检查和农业监测任务中展现出独特的优势。然而，飞行时间短、作业范围有限的问题仍然制约着多旋翼无人机在某些领域的使用。随着电池技术的持续进步以及飞行控制系统的不断优化，多旋翼无人机有望在未来突破这些限制，进一步拓展应用范围，促进各产业的技术创新与发展。

三、垂直起降无人机

伴随着无人机技术的持续发展，垂直起降无人机（VTOL）已逐步崭露头角，成为飞行器设计领域的一项关键创新。垂直起降无人机集固定翼无人机与多旋翼无人机的优点于一身，不仅可以实现垂直起飞与降落，还能够像固定翼飞机那样在飞行中进行长时间、长航程的飞行。这一独特设计使VTOL无人机在许多要求高效飞行、复杂作业以及空间受限的应用场合显示出极大潜力。不论是城市建筑检测、环境监测，还是灾害响应与军事侦察，垂直起降无人机都为这些领域提供更广阔的应用空间[1]。本书将从垂直起降无人机的工作原理、设计优势、应用领域及未来发展方向等方面进行深入探究，并结合具体案例进行分析，以帮助读者深入了解该飞行平台所蕴含的价值与潜能。

（一）垂直起降无人机的工作原理及设计优点

垂直起降无人机有一个独特之处，就是它同时具备固定翼无人机飞行效率高和多旋翼无人机飞行灵活的特点。它受传统直升机的启发而产生，但与直升机相比，VTOL无人机设计更加轻巧且效率更高，并能够实现垂直起降和水平飞行模式的自由切换。VTOL无人机通常采用可调节旋翼或特殊机翼设计，通过旋翼实现垂直起飞和降落，并在飞行时转换为固定翼模式以进行远距离航行。

在起飞阶段，VTOL无人机的旋翼通常处于垂直状态，由多个旋翼提供升力，从而实现快速起飞和稳定悬停。在飞行过程中，旋翼的角度会逐渐变化，向水平模式过渡，此时飞行器的飞行方式类似于常规固定翼飞机，依靠机翼产生的升力实现高速和

---

[1] 瞿明霞，瞿月霞. 无人机激光雷达测绘技术在输变电线路工程中的应用[J]. 中阿科技论坛（中英文），2025，（03）：98-102

远距离飞行。这种设计使得VTOL无人机不仅能够适应狭小的起降空间，还具备续航时间长、飞行速度快的优势。

VTOL无人机设计具有显著的灵活性和高效性。本实用新型无须使用大跑道即可完成起飞和降落，能够在城市环境、建筑物顶部和狭小空地等受限空间中作业，大大拓宽了其应用场景。VTOL无人机集固定翼飞行器的飞行效率与多旋翼飞行器的悬停能力于一体，使其对任务的适应性较强。在城市测绘方面，VTOL无人机可以快速从狭窄街道上升空，并在空中顺利切换到固定翼模式，执行长期飞行覆盖任务。相比多旋翼无人机，VTOL无人机在大面积测绘任务中表现得更加高效。

然而，VTOL无人机在设计过程中也面临一些挑战。技术难度较高，尤其是在旋翼可调设计与动力系统集成方面，需要制造商具备更高的技术水平。此外，由于VTOL无人机需同时具备固定翼与多旋翼功能，其结构通常较为复杂，导致生产成本与维修成本居高不下。虽然VTOL无人机能够在有限空间内完成起飞和降落，但由于结构复杂，其可靠性与耐久性与其他型号无人机相比仍存在一定差距。

（二）垂直起降无人机的应用领域及实际案例研究

垂直起降无人机的设计展示了其在多个应用场景中的巨大潜力，尤其是在飞行空间受限和任务种类繁多的环境中。与传统的固定翼或多旋翼无人机相比，VTOL无人机能够在无须大规模起降场地的条件下完成任务，这显著提升了其在城市环境和复杂地形条件下的适应性。在城市背景下，VTOL无人机展现出明显的优势。随着城市化进程加快，建筑密集、空中交通繁忙，传统飞行器难以满足需求。VTOL无人机凭借垂直起降和灵活飞行的特点，可以在高楼之间或狭窄空间内执行任务。在建筑物外立面检查及结构健康监测方面，VTOL无人机能够快速升空，精准悬停于建筑物的不同部位，获取高清影像信息。与传统的人工检查或大型机械设备相比，VTOL无人机不仅能够高效采集数据，还显著降低高空作业的安全风险。

VTOL无人机在农业监测领域得到了广泛应用。随着农业精准管理技术的推广，VTOL无人机为农业管理提供了更加灵活的数据收集策略。农场主可以通过VTOL无人机对农田进行全面监测，实时了解作物生长状况、病虫害分布和土壤湿度，从而作出科学决策。特别是在地形复杂或作业区域不规则的情况下，VTOL无人机能够在短时间内完成大面积巡航任务，并提供可靠的数据支持。

此外，VTOL无人机在灾害响应和应急救援方面的潜力同样不可忽视。灾害发生后，尤其是在地震、洪水等自然灾害期间，常规救援方式往往受到交通阻塞和地形复杂等因素的限制。而VTOL无人机因其可以在复杂环境下快速起飞和降落，可以在灾后的第一时间获取灾区的实时影像，辅助救援人员研判灾情和规划救援路线。例如，在某次山洪灾害发生后，VTOL无人机携带红外成像传感器及高清摄像机迅速进入受灾地区，细致扫描地形变化及受灾区域，大幅提高了灾后救援响应速度。

尽管 VTOL 无人机在许多领域表现出色，但其高昂的制造和维护成本仍是限制其广泛应用的主要因素。特别是对于那些需要较长时间飞行或长时间工作的任务，VTOL 无人机通常具有较短的续航时间。因此，如何提升续航能力并降低制造成本仍是该技术发展过程中面临的关键难题。垂直起降无人机是一种结合固定翼无人机和多旋翼无人机各自优势的飞行平台，展现了广阔的应用前景。其特殊设计使其能够在复杂地形、城市环境以及有限空间内灵活高效地运行，尤其适用于要求高机动性及大面积覆盖的任务。尽管在技术实现和成本控制方面仍面临一定挑战，VTOL 无人机的未来依然充满希望。伴随着科技的发展，特别是在动力系统、材料及电池技术方面的创新，垂直起降无人机预计将在未来的应用中扮演更加重要的角色，为各行业提供更强大、更灵活的技术支持。

四、无人机平台的选择依据

无人机技术近年来快速发展，被广泛应用于各个行业。从农业监测到城市建设，再到环境保护和灾害应急响应领域，无人机的使用越来越普遍。面对上述多样化的应用需求，无人机平台的选择通常是一项复杂而关键的决策过程。不同种类的无人机平台在设计、功能及应用方面各有优势，因此选择最适合的飞行平台需要结合任务的具体需求进行精细化评估。如何在飞行稳定性、续航能力、负载能力和操作灵活性这几个要素之间进行权衡，以及如何针对不同应用环境的要求进行取舍，成为无人机项目能否取得成功的关键[1]。本书将对无人机平台选型的基础进行深入探讨，剖析各类型平台的特点及适用场景，并结合具体应用案例，帮助读者更深入地了解如何作出明智的选择。

（一）飞行任务要求和平台选择

选择无人机平台时需充分考虑任务需求，不同任务对无人机平台的要求千差万别，选择不合适的平台可能导致任务失败或结果不尽如人意。对于需要长时间飞行、覆盖范围广的作业，固定翼无人机通常是首选；而对于精细化低空飞行作业，多旋翼无人机则更为适用。例如，在大规模农业监测中，由于农田覆盖面积较大，固定翼无人机凭借其长航时和大覆盖范围的优势，往往成为最佳选择。通过搭载多光谱传感器的固定翼无人机，可以在较短时间内快速扫描数百亩农田，收集土地健康状况和作物生长数据。而在某块农田的局部范围内进行精细化监测时，多旋翼无人机可能更为合适。这种无人机能够悬停在作物上方，获取精准的图像及数据，适用于高精度操作。

在灾后评估作业中，固定翼无人机因其飞行时间长、覆盖范围广的特点，可以快

---

[1] 盖学峰，孙伟，管楚. 基于无人机遥感信息的国土资源影像快速拼接[J]. 科技和产业，2025,25(05):44-48.

速获取受灾地区的高清影像数据,并对受灾区域进行监控。相比之下,多旋翼无人机更适合城市建筑或狭小空间的灾后检查工作,能够精确悬停在指定地点,对结构进行详细检查。飞行任务对平台的要求直接决定平台的选型,因此需要根据任务的具体对象及工作环境合理选择无人机平台。

(二)环境条件和平台选择

还有一项关键考虑,即飞行环境中的状况。无人机在飞行过程中,所处环境直接关系到无人机的飞行稳定性以及执行效率。由于固定翼无人机具有飞行速度快、航程长且不易受周边复杂环境影响的特点,其性能通常最为突出。而多旋翼无人机由于具有灵活性强、悬停能力强的特点,一般更适合复杂且空间受限的环境,比如城市高楼密集区域或森林。在实践中,无人机平台的选型往往受环境条件影响较大。传统固定翼无人机在某山区灾后评估工程中因山脉高低不平而可能遇到信号丢失或者难以起飞降落的情况。但多旋翼无人机凭借灵活性和悬停能力强的特点,能够方便地躲避障碍物,并准确地在较狭窄的范围内作业,完成灾后的现场巡检工作。飞行稳定性以及精准度成为人们需要重点考虑的问题,选用多旋翼平台可以最大限度地保证数据采集的准确性以及任务完成的质量。

气象条件也是决定无人机平台选型的关键之一。强风、雨雪等恶劣天气对飞行器的影响尤为明显。固定翼无人机通常对风速及气象条件的适应性较强,能够在特定风速范围内平稳飞行,但在恶劣天气情况下作业难度会大幅增加。多旋翼无人机在低空飞行时适应环境的能力较强,尽管其受到风力的影响较大,但其控制系统通常能够在狭小区域内提供较好的飞行稳定性,尤其适用于那些要求精确控制的工作。环境条件既涉及飞行区域的物理限制,也需要考虑气象因素对飞行平台的影响。选好平台是确保各项任务圆满完成的先决条件。基于上述研究,整理相关内容见下表。

表2-2 不同环境条件下无人机平台选择对比表

环境因素	固定翼无人机特点与适用性	多旋翼无人机特点与适用性
地形复杂性	不适合高低起伏大、空间狭窄区域	灵活悬停,适合山区、城市密集区域等复杂地形
空间限制	需长距离跑道起降,空间要求高	垂直起降,占用空间小适应狭窄环境
气象适应能力	抗风能力较强,适合较长距离飞行	低空飞行稳定性高,适合短距离精密作业
飞行稳定性	高速巡航稳定,但在起降阶段易受干扰	控制系统精密,可在小区域内保持飞行姿态
操控精度	不适合悬停或精细操作	可精准控制位置,适合建筑检测、灾后巡检等精细任务
应用实例	远程测绘、农业监控、大面积巡航	灾后评估、城市测绘、森林巡查等复杂环境作业

无人机平台的选型是一项复杂的工作，需要综合考虑任务需求、环境条件、飞行稳定性和续航能力等多种因素。固定翼无人机具有飞行时间长、速度快、覆盖面广的优点，非常适合执行大面积、长时间的任务；多旋翼无人机则凭借其出色的灵活性、悬停性能和操作精准性，在局部和精细任务的执行方面表现卓越，尤其在城市环境和狭窄空间内具有显著的优势；而垂直起降无人机则结合了两者的优势，能够在复杂环境下实现快速起飞、着陆，并支持长时间飞行。根据具体的应用场景选择最适合的无人机平台，可以显著提升任务执行的效率和精度，为各行业的智能化发展提供有力支撑。在无人机技术不断进步的背景下，未来将会涌现出更多种类的平台，这些平台将更加精准地适应复杂多变的环境以及日益多样化的应用需求。

第二节 无人机飞行控制系统与导航技术

一、飞行控制系统的工作原理

飞行控制系统作为无人机技术中最核心的环节之一，担负着保障无人机空中稳定性、操控性以及安全性的任务。它通过对飞行器姿态、速度和航向等关键参数进行连续调节，使无人机可以按预定路径完成任务。随着无人机使用场景的不断拓展，飞行控制系统的应用已由单纯的航拍转向复杂的工业检测，其功能变得愈发重要。飞行控制系统的稳定性与精确度直接影响无人机执行任务的效果与安全性。对于无人机设计师以及操作员而言，深入了解飞行控制系统的工作原理，不仅有助于优化无人机性能，还能够在任务完成时提升控制精度，确保操作高效、安全地进行[1]。本书将对飞行控制系统的基本原理及工作机制进行详细描述，分析其在不同任务场景下的使用模式，并通过具体实例帮助读者深入了解这一关键技术如何保障无人机顺利工作。

（一）飞行控制系统的基本组成及工作流程

飞行控制系统（FCS）被视为无人机的核心"大脑"，其主要职责是接收来自传感器的信息，并据此发出相应指令，以便对飞行器的各个组件进行精确控制。其基本组成包括传感器系统、控制算法、执行器以及数据通信模块等几大核心部分。传感器系统通常由加速度计、陀螺仪、磁力计和气压计等组成，负责对无人机状态进行实时监控，并记录无人机飞行角度、速度、加速度以及位置等重要数据。通过向飞行控制系统反馈这些传感器数据，该系统可以准确调节无人机的飞行姿态，确保飞行器按照预定航

---

[1] 张久龙. 单镜头无人机倾斜摄影测量技术在新型基础测绘中的应用[J]. 经纬天地, 2025, (01): 53-58.

线飞行。

飞行控制系统的工作过程可归结为数据采集、控制计算和执行调节三个环节。传感器系统不断对飞行器的各种状态进行监控,并将数据传送至飞行控制系统。飞行控制系统以这些数据为基础,经过控制算法处理后,计算无人机需要完成的特定操作。这些操作通常包括调节飞行速度、改变航向和调整飞行高度。飞行控制系统通过执行器——如电动机、舵面和推进系统——传达命令和调整飞行器状态。整个过程实时运行,确保无人机能够灵活应对外界环境变化并准确完成任务。

飞行控制系统的控制算法在实践中不断优化,以适应不同的飞行需求。现代飞行控制系统不仅能够自动稳定无人机飞行,还能根据环境变化自主调节,例如应对风速、温度和地面障碍的干扰。该系统通过对飞行参数的实时调节,确保无人机的稳定操控。在城市建筑巡检作业中,飞行控制系统需要通过分析从陀螺仪和加速度计等设备获取的数据,维持无人机在各种风速和环境条件下的稳定运行。

（二）飞行控制系统关键技术及挑战

飞行控制系统核心技术持续发展,特别是传感器精度、控制算法以及自主飞行技术的不断创新,使无人机飞行性能大大增强。然而,这类技术的实际应用仍存在一定难题。传感器的精度与可靠性是飞行控制系统工作性能的根本。无人机依靠多种传感器系统获取飞行数据,其精度直接关系到飞行控制系统的决策能力。保证传感器的稳定性与精度,特别是在复杂环境下,对飞行控制系统提出了重大挑战。以城市建筑巡检为例,无人机需在高楼间飞行,其飞行控制系统必须基于多种传感器采集的信息实时做出决策。GNSS信号易受城市环境遮挡而导致定位误差。为克服这一难题,飞行控制系统通常会搭载惯性导航系统(INS)以弥补GNSS信号的不足。INS与陀螺仪、加速度计以及其他传感器相结合,可以实时计算出无人机的位置、速度以及加速度参数,确保无人机在GNSS信号不稳定的情况下仍能保持准确飞行。

在飞行控制系统中,控制算法是另一个关键要素。随着飞行任务复杂性的提高,飞行控制算法不断得到优化。在现代飞行控制系统中,为了提高飞行精度与稳定性,通常采用先进的PID（比例-积分-微分）控制算法进行控制。PID控制算法通过调整无人机的航向、姿态及速度,使飞行器能够自适应外界环境的变化,从而达到理想的飞行状态。在精细农业监控过程中,飞行控制系统需依据实时获取的数据自动调节飞行高度和飞行速度参数,以确保所摄图像的质量和数据的准确性。基于上述研究,整理相关内容见下表。

表 2-3 飞行控制系统关键技术及挑战

技术领域	关键技术与挑战	应用实例与影响
传感器精度与可靠性	传感器精度直接关系飞行控制系统性能	高楼间巡检任务中,城市环境干扰GNSS信号,影响定位精度
传感器系统	结合惯性导航系统(INS),补偿GNSS信号缺失	在GNSS不稳情况下,通过INS与陀螺仪、加速度计保证飞行精度
控制算法	PID控制算法用于调整飞行器的航向、姿态、速度	用于精细农业监控,自动调节飞行参数确保图像质量与数据准确性
自主飞行技术	不断优化的控制算法提高飞行精度与稳定性	提高复杂任务下的飞行稳定性与自主能力,减少人工干预
环境适应能力	复杂环境下的传感器干扰和控制算法优化挑战	如城市建筑巡检中,必须应对GNSS信号干扰与复杂环境的挑战

飞行控制系统所面临的一个主要挑战是如何实现无人机在异常复杂环境下的自主飞行。飞行控制系统需要通过对障碍物的实时感知调节飞行路径,以避免碰撞。随着人工智能与深度学习技术的快速发展,无人机的自主飞行能力得到了显著提升。利用计算机视觉与传感器融合技术,飞行控制系统能够在可变环境下实现障碍物避让、路径规划以及任务执行。在灾后评估任务中,飞行控制系统可以根据图像识别的实时数据调整飞行路径,确保无人机安全飞向目标区域并采集数据。作为无人机技术的关键组成部分,飞行控制系统不仅能够保证无人机平稳飞行,还可以实现高度自主控制与精准运行。通过精密的传感器系统、先进的控制算法以及智能化的自主飞行技术,飞行控制系统能够应对复杂环境中的各种挑战,为飞行提供高效、准确的服务。尽管飞行控制技术仍面临一些挑战,例如传感器精度的提升、控制算法的优化和复杂环境中的适应能力,但随着技术的不断进步,这些问题正在逐步得到解决。未来,飞行控制系统将变得更加智能化和高效,推动无人机在各领域的应用取得更大的突破。

二、无人机自主飞行技术

无人机自主飞行技术的快速发展使其在许多产业领域取得了重大突破。从农业监控到城市规划、环境保护再到灾害响应领域,无人机的应用场景越来越广泛。自主飞行技术是无人机技术中的核心内容之一,它使无人机能够在无须人为干预的情况下,根据任务需求和环境变化自主决策和完成任务[①]。与传统的遥控飞行方式相比,无人机自主飞行不仅能够提高飞行效率、降低人为操作失误,还能在复杂且危险的环境中完成任务,从而大幅拓展无人机的应用边界。

实现真正意义上的自主飞行并非易事,其中涉及许多关键技术,例如复杂传感器融合、路径规划、障碍物避让和决策算法等。本书将深入探讨无人机自主飞行技术的原理、发展现状及面临的挑战,并结合实际案例进行剖析,帮助读者了解该技术如何

[①] 刘法宝. 无人机倾斜摄影测量土方计算及精度评定研究[J]. 天津建设科技,2025,35(01):66-69.

推动无人机行业转型。

(一)无人机自主飞行的基础原理和关键技术

无人机自主飞行技术属于多学科交叉的复杂体系,主要依赖于感知、决策与执行3个核心功能。感知部分由传感器的使用和数据采集组成,使无人机能够感知周围环境;决策部分通过控制算法、路径规划以及模型预测来确定无人机在各种飞行场景中的响应方式;执行环节则通过飞行控制系统和执行机构确保无人机的决策在物理层面得到有效实施。

感知为无人机自主飞行提供了依据,无人机利用各种传感器,例如激光雷达(LiDAR)、红外摄像机、超声波传感器以及GNSS系统,实时感知其所处的环境。这些传感器不仅能够提供位置信息,还可以探测和识别周边障碍物、天气变化和地形起伏等重要信息。在城市建筑物探测中,无人机摄像头与激光雷达系统能够对建筑物外立面进行实时扫描、数据采集并构建三维图像。这些信息不仅有助于无人机完成高精度测绘任务,还为后续飞行决策奠定必要的环境感知基础。决策是自主飞行技术的关键组成部分。无人机的自主飞行并非指其能够随意飞行,而是通过一整套精密算法与控制系统进行合理的飞行决策。路径规划作为其中最核心的一环,旨在为无人机制定最佳飞行路线,以规避障碍物并保证飞行效率。在实践中,飞行路径既需要考虑目标地点,又需结合风速、温度和气流变化等实时飞行数据进行动态调节。例如,无人机在执行灾后评估任务时,需要根据实时气象数据和地面障碍物信息调整飞行路径及高度,从而确保数据获取不受外部干扰。

执行是保证无人机决策能够落地实施的关键环节。飞行控制系统将无人机的飞行命令转换为控制信号,并通过电动机及舵机对无人机的姿态、速度及位置进行控制。在自主飞行过程中,飞行控制系统不仅需要接收传感器的实时数据,还需对控制信号进行连续调节,以确保飞行器的平稳飞行。例如,在农业监测过程中,无人机通过飞行控制系统按照预设的飞行路径及环境数据,持续调节飞行速度及高度,以确保数据的准确获取。

(二)无人机自主飞行技术的应用实例及面临的挑战

伴随着无人机自主飞行技术的不断成熟,它在许多行业中得到了广泛应用,特别是在危险或难以到达的地区,无人机自主飞行技术展现出巨大的潜力。典型的应用实例之一是灾害应急响应。每当地震、洪水等自然灾害来临时,常规的人工救援与现场评估往往面临巨大挑战,尤其是在偏远或危险地区。无人机借助自主飞行技术,可以快速飞往灾区,获取高清影像、评估受灾情况,甚至确定灾后被困人员的位置。在某次地震发生后执行救援任务时,无人机利用自主飞行技术成功在数小时内完成了对受灾地区的快速调查，并为救援队伍提供第一手地面资料，使救援工作得以高效开展。

在农业领域，自主飞行技术同样发挥重要作用。精准农业要求对每块土地和每株作物进行细致监测，无人机通过自主飞行方式，可以实现大面积农田的巡航，并实时监测土壤湿度、作物健康状态以及病虫害情况。在某大范围农田病虫害监测工程中，无人机采用自主飞行技术沿预定航线飞行，并携带多光谱传感器对作物生长数据进行实时采集。由于无人机能够根据周围环境及飞行数据动态调整路径，从而保证大面积农田监测的准确性及工作效率，大幅提升农业生产管理水平。

尽管无人机自主飞行技术在许多领域取得了长足的进展，仍面临诸多挑战。环境的复杂性与不确定性依然是制约自主飞行技术发展的首要问题。尤其是在城市复杂环境或者山区地带，由于GNSS信号干扰和气流变化等因素，无人机的飞行精度与稳定性受到影响。此外，还须对自主决策算法进行优化。无人机必须能够实时感知周围环境，并基于感知数据进行精确决策。如何保证算法的高效性、实时性和决策准确性，仍是当前自主飞行技术研究的一个重要课题。在飞行过程中，安全问题同样是科技发展的重点之一。无人机在执行任务过程中可能面临突发故障或恶劣气象条件，需要具备应急处置与自我修复功能。例如，在某紧急任务中，无人机遇到突然的雷雨天气时，飞行控制系统必须能够及时识别异常天气并作出决策，以确保安全返航。这种安全性和自适应能力的增强将对无人机自主飞行技术的广泛应用产生重大影响。

毫无疑问，无人机自主飞行技术是无人机产业发展的重要动力之一，使无人机从简单的遥控飞行向智能飞行过渡，从而能够在复杂危险环境下独立完成任务。现代无人机通过传感器融合、路径规划以及飞行控制等先进技术，可以在多种复杂环境下高效、准确地飞行，为农业监控、灾害救援以及环境保护提供有力的技术支撑。尽管目前自主飞行技术仍面临传感器精度、环境适应性和安全性等挑战，但随着技术的不断进步，这些问题正在逐步得到解决。无人机的独立飞行能力预计会更加完善，其应用场景也将变得更加广泛。

三、导航系统的种类与特点

导航系统对于无人机技术的重要意义不言而喻，是保证无人机执行复杂工作的核心技术之一。不论是开展大比例尺测绘、城市巡检，还是灾后评估及农业监控工作，无人机导航系统均需在变化的环境下提供准确定位及路径规划。伴随着无人机技术的发展，导航系统的类型与功能得到了丰富[①]。无人机导航系统从最基础的全球定位系统（GNSS）进化到更为先进的视觉惯性导航和激光雷达（LiDAR）技术。这种多样化的导航系统使得无人机能够在更复杂和动态的环境中实现高效飞行。本书将通过论述

---

① 卢佳鸣,宫雨生,卫黎光..消费级无人机在大比例尺测图中的应用[J].北京测绘,2025,39(02):135-139.

无人机导航系统的主要类型及各自特点，结合实际应用案例，对不同导航系统所面临的优势和挑战进行剖析，有助于读者深刻了解无人机导航技术在众多场景下如何扮演重要角色。

（一）全球定位系统（GNSS）和惯性导航系统（INS）都是重要的导航工具

GNSS系统在城市环境或者山区这样的复杂地形中面临挑战。高楼大厦、密林等遮挡物都会对GNSS信号接收产生影响，进而造成定位精度降低。在此背景下，惯性导航系统（INS）起到了至关重要的作用。INS主要利用加速度计和陀螺仪等传感器来测量无人机的加速度和角速度信息，并反推其当前方位。不同于GNSS，INS对外部信号没有依赖性，因此在GNSS信号微弱或者完全无效的情况下，仍能为无人机定位提供可靠数据。

就以城市建筑检查为例，在这样的环境下，GNSS信号往往会受到建筑物的阻挡，从而导致定位误差增大。本案中的INS系统能够提供必要的定位补偿，以确保无人机在城市环境中平稳飞行。INS和GNSS联合应用可以构成冗余系统，从而提高定位的可靠性。在GNSS信号不稳定的情况下，该INS系统能够自动对无人机进行补偿，保持其定位精度与飞行稳定性。

（二）视觉惯性导航结合激光雷达（LiDAR）的导航技术

随着科技的持续发展，视觉惯性导航（VIO）和激光雷达（LiDAR）导航系统逐步崭露头角，成为无人机导航体系中不可或缺的关键组件。视觉惯性导航系统融合了传统的视觉传感器技术和惯性导航系统，通过使用相机捕捉周围环境的图像，并与惯性传感器的数据进行综合计算，从而实时更新无人机的位置和姿态信息。VIO系统精度极高，特别是在无GNSS信号环境中，通过视觉识别与图像匹配可以稳定定位。典型应用场景之一是城市狭窄空间飞行。无人机在执行高楼间巡检任务时，GNSS信号通常无法提供足够准确的位置，尤其是在信号被遮挡的情况下。VIO系统通过获取建筑物及周边环境影像，并与以往数据进行匹配，可准确反演无人机的实时位置，从而引导飞行路径调整。VIO系统已经在室内或GNSS信号有限的环境中显示出巨大的优越性，特别是在工业检查和基础设施监测等复杂任务中。

激光雷达（LiDAR）导航是另一项关键的技术手段。LiDAR通过发射激光和接收反射回的激光信号进行距离测量，从而建立准确的三维空间数据。LiDAR导航的优点在于能够有效穿透物体表面并获取更精细的地形信息。LiDAR可以辅助无人机准确感知周边环境和进行有效的飞行路径规划，特别适用于复杂地形条件，如森林和山区。在森林资源勘察过程中，LiDAR能够为无人机提供森林结构的高精度数据，甚至在浓密树冠遮挡的情况下，仍能保证准确获取地面数据。然而，尽管 LiDAR 技术能够提供高精度数据，其高成本和较大的重量却成为限制其应用的主要问题，这些问题对某些要求长飞行时间和长续航的无人机任务产生了影响。LiDAR 与其他传感器技术（如视觉传感器和 IMU）的融合，已成为提高数据采集效率和飞行性能的重要方向。

无人机的导航系统对无人机能否顺利完成任务具有重要意义。作为一种传统导航技术，GNSS 和 INS 在开阔区域及复杂环境中通过相互补充的功能提供准确的定位服务。随着科技的持续发展，视觉惯性导航和激光雷达导航逐步成为主流技术，特别是在 GNSS 信号弱或复杂环境中，它们发挥着不可或缺的作用。在传感器技术与算法不断优化的情况下，导航系统将变得越来越智能化，效率也会越来越高，并能够满足更加多样化的任务需求。不论是城市高楼之间的建筑巡检，还是广袤农田中的农业监控，无人机导航系统将不断创新，为各行业提供更加有力的技术支撑，促进无人机在各领域的广泛应用。

四、导航精度与误差控制

随着无人机技术被广泛应用于许多行业，无人机导航精度和误差控制已经成为保证任务顺利进行的关键因素之一。无人机在完成测绘、监测和检测任务后，通常需要在复杂环境中飞行。环境变化、传感器误差和外部干扰均会影响导航精度。如何保障无人机在执行任务过程中始终保持高精度定位，并对各种误差进行有效控制，是确保其任务执行质量的关键[1]。从优化飞行控制系统到设计误差补偿算法，从采用多传感器融合技术到精密校准及检测方法，提高导航精度及误差控制已经成为无人机技术领域的前沿。本书将对影响无人机导航精度的因素进行深入探讨，对误差源及其控制方法进行分析，并结合实际应用案例进行说明，以帮助读者全面了解如何进行精确控制，从而保障任务的高效和安全进行。

（一）影响导航精度的因素

无人机导航精度对任务执行效果有直接影响，尤其是在测绘和农业监控等要求高精度定位的应用中。影响导航精度的因素复杂多样，主要包括环境条件、传感器性能和系统设计等方面。其中，外部环境对无人机导航精度起着关键作用。在开阔区域，由于 GNSS 信号干扰较少，定位精度通常较高。然而，在城市高楼林立或密林覆盖的地区，GNSS 信号容易被遮挡，从而导致定位误差加大。即使是在农村或山区相对开阔的区域，天气条件（如风速、温度和湿度）也会影响传感器性能，从而对导航精度产生影响。

例如，在某次城市建筑检查作业中，由于高楼遮挡导致 GNSS 信号缺失，造成无

---

[1] 张睿，李佳维，周海壮. 无人机智能测绘技术在建筑工程堆体测量中的应用[J]. 智能城市，2025，11(02)：58-60.

人机定位出现较大的偏差。在这种情况下，无人机的飞行控制系统需要依赖惯性导航系统（INS）来确保飞行的稳定性。尽管 INS 能够在一定时间内提供较为准确的导航数据，但其误差会随着时间的推移逐渐积累。在长时间飞行或复杂环境中，单纯依赖 INS 无法确保持续的高精度定位。因此，在飞行控制系统设计时，通常会融合多种传感器技术，如 GNSS、IMU（惯性测量单元）和视觉传感器，以提高导航的准确性和稳定性。

传感器性能的优劣直接影响导航精度。无人机的导航系统通常由若干传感器组成，包括 GNSS 接收器、IMU 和视觉传感器。这些传感器提供的位置、姿态及速度信息会输入到飞行控制系统，用于路径规划和实时调整。如果传感器精度不足，或运行过程中发生漂移，都可能引发飞行误差，进而影响任务的完成质量。在进行地形测绘工作时，LiDAR（激光雷达）传感器所提供的点云数据的准确性直接决定了地形测绘的精度。在复杂地形环境中，LiDAR 误差通常无法通过简单的校正进行补偿，需要结合更为高级的算法才能提升数据的准确性。基于上述研究整理，相关内容见下表。

表 2-4 影响无人机导航精度的因素

影响因素	描述与挑战	应用实例与影响
外部环境	城市高楼、密林等环境导致 GNSS 信号遮挡，影响定位精度	在城市建筑检查中，GNSS 信号缺失导致定位偏差大
天气条件	风速、温度、湿度等气象条件影响传感器性能	极端天气下传感器性能下降，影响导航精度
传感器性能	传感器精度不足或漂移导致导航误差	LiDAR 传感器在复杂地形中的误差影响地形测绘精度
GNSS 与 INS 结合	GNSS 信号不稳定时，INS 辅助导航保证飞行稳定	INS 有效弥补 GNSS 信号缺失，但随着时间增加其误差会累积
传感器融合	融合 GNSS、IMU 和视觉传感器提高导航精度与稳定性	多传感器融合提升长时间飞行中的定位精度与任务完成度
数据处理与算法	高级算法与传感器融合可提高数据精确度	使用先进算法处理 LiDAR 数据，提升地形测绘的准确性

（二）误差源的分析和控制方法

无人机导航时，误差在所难免。对误差源的认识与分析，以及采取相应技术手段加以控制，是提高导航精度的重点。误差来源一般包括传感器自身误差、飞行路径偏差和环境因素干扰。其中，传感器误差最为普遍。传感器误差通常以位置偏差、角度偏差和速度误差的形式出现。即使是高精度的 GNSS 和 IMU 传感器，经过长期使用后也可能发生微小漂移，从而造成测量误差。针对这一问题，通常采用校准传感器的方式加以解决。在飞行之前，对传感器进行校准，以保证精度与稳定性；同时，通过实时反馈机制动态调整飞行时的传感器数据，从而减小误差累积。

飞行路径存在偏差，也会造成导航误差。飞行器执行复杂任务时，其轨迹通常很难完全符合预设路径，特别是在风速变化较大或者飞行器受到外界干扰时，路径误差会逐渐积累。此时，就要求飞行控制系统对飞行路径进行实时调整，以最大限度减小误差。路径修正一般采用实时数据分析与反馈的方式进行。在执行某精细农业监测任务时，无人机需沿预设飞行路径巡航，以获取基于作物生长情况的数据。若无人机飞行路径出现偏差，飞行控制系统会根据传感器数据及环境信息进行调节，以保证无人机沿正确路径飞行，从而确保数据采集的精度。环境因素的作用也是导航误差产生的重要原因。在如强风、低温和高湿这样的极端气候条件下，传感器的稳定性可能受到影响，从而产生误差。在一次山区灾后评估工作中，由于风速较强且降雨突然出现，导致传感器数据采集不稳定。飞行控制系统通过动态调整飞行速度与高度，降低了上述环境因素对导航精度的影响。现代无人机系统增加了环境适应性算法，可以灵活调节控制策略，以减少在不同气候和地理环境下误差的累积。

无人机导航精度和误差控制是保证无人机执行任务顺利进行的核心技术之一。由于复杂环境下无人机执行任务时对导航精度的要求极高，需要综合考虑传感器性能、飞行路径和环境因素等多方面因素。通过对误差源及其影响的深入剖析，并采用相应的控制方法，可以使无人机在复杂应用场景下保持稳定工作。传感器校准、路径调整以及多传感器融合技术对提高导航精度至关重要。特别是在高精度测绘和灾后评估任务中，准确的导航系统可以保证任务的圆满完成。伴随着科技的进步与飞行控制算法的优化，无人机导航系统在未来将变得越来越智能化与精准化，从而促进无人机技术在更广泛领域中去。

第三节 无人机搭载传感器种类与性能分析

一、光学传感器

光学传感器是无人机技术的关键组成部分，这些传感器使无人机可以实现准确的影像采集、数据分析以及地面监测功能。在许多应用场景中，无人机主要依靠光学传感器实现实时成像与信息获取，包括农业监测、城市建筑检测、环境保护和灾后评估。光学传感器为无人机提供了极具价值的视觉数据。这些传感器采集地面或目标区域的高分辨率图像，作为后续数据处理、分析与决策的依据。尽管光学传感器在技术和应用上的优势显而易见，其在不同环境中的表现也受到多种因素的制约，如光照、天气条件和传感器性能[①]。本节将深入讨论光学传感器的工作原理和应用特点,以及它们所面临的各种挑战,并结合实际应用案例分析它们在无人机执行任务时如何发挥关键作用。

（一）光学传感器的工作原理及使用特点

光学传感器主要依靠可见光与近红外光谱进行成像,其原理建立在光的反射、折射与吸收特性之上。无人机上搭载的光学传感器能够将地面或目标区域内的光信息通过相机、镜头以及图像传感器转换为电信号,并对其进行处理生成影像数据。现代无人机所使用的光学传感器通常包括高分辨率的RGB（红、绿、蓝）相机、高清摄像机和近红外传感器。这些传感器能够同时获取不同波段的光信息,提供多维度的数据支持。光学传感器的高空间分辨率使无人机能够捕捉地面最细微的变化与细节,适用于大面积测绘、建筑物巡检、农业监测等多种场景。在城市建筑检查中,无人机搭载高清光学相机可以准确拍摄建筑外立面和屋顶的细节信息,有助于工程师实时检测裂缝、变形情况,并及时进行维修和保养。在农业监测方面,利用光学传感器采集农田高清图像,可以清晰识别作物生长状况、土壤湿度以及病虫害情况,从而为精准农业提供数据支持。

光学传感器在操作上具有较高的灵活性。与激光雷达（LiDAR）等传统传感器相比,光学传感器成本更低,且不需要复杂的设备和安装过程,因此能够在多种无人机平台上得到广泛应用。尤其是在需要高分辨率影像的工作中,光学传感器的性价比优势尤为明显。在进行环境监测时,光学传感器不仅能够捕捉清晰的图像,还可以与其他传感器（如红外传感器、温湿度传感器）结合使用,提供更全面的数据支持。

然而,光学传感器并非没有局限性。光照条件对其成像效果有直接影响。在强光照射下,图像可能出现过曝或色彩失真现象;而在低光环境中,传感器的图像质量也会下降,从而影响数据采集的准确性。此外,光学传感器对天气变化较为敏感,阴雨天气和雾霾等恶劣条件会显著降低成像质量,对完成高精度任务提出一定挑战。

（二）光学传感器在不同领域的应用及面临的挑战

光学传感器在许多领域表现出卓越的应用性能,但每种应用场景都有其独特的需求与挑战。特别是在农业、城市建设和环境保护领域,光学传感器为无人机提供了强有力的数据支持。随着人们需求的不断变化,光学传感器在实践中也面临技术上的挑战。无论是复杂的数据处理,还是环境条件对光学传感器性能的干扰,都在一定程度上限制了其有效性。

在农业领域,光学传感器在精准农业管理中的应用越来越广泛。通过对农田高清图像的拍摄,光学传感器可以分析作物生长状况、病虫害问题和土壤湿度等关键因

---

① 侯晓康. 探讨无人机测绘技术在地形测绘中的应用[J]. 居业,2025,(02):214-216.

素。在监测作物健康状况时，光学传感器可以利用 NDVI（归一化植被指数）技术对作物的健康状况进行精确评估。结合多光谱与近红外技术，光学传感器还可以提供更加丰富的生物物理信息，帮助农户制定准确的施肥、灌溉以及喷药方案。光学传感器生成的高分辨率图像有助于农业从业者提前检测作物生长问题，减少农药和化肥的使用量，同时提高农业产量。然而，光照和天气对成像的影响仍是农业领域的主要难题。在强光或阴云天气条件下，光学传感器可能无法生成足够清晰的影像，从而影响作物监测的精度。

光学传感器在城市建设和基础设施巡检方面显示出极大的优越性。无人机携带高分辨率光学相机可以准确采集建筑物、道路和桥梁基础设施的影像，辅助工程师开展日常巡检和养护工作。这些影像可用于分析建筑物结构状况，侦测裂缝和腐蚀。部分高风险区域采用无人机巡检既能提高工作效率，又能规避人工检查时可能遇到的安全隐患。在建筑物密集或高楼林立地区，GNSS 信号往往会受到干扰，从而降低无人机飞行路径的精确度。在这种情况下，光学传感器的图像质量以及传感器实时数据处理能力显得尤为重要。在环境监测领域，光学传感器也是主要的应用工具。通过拍摄周围环境的高清影像，光学传感器可以辅助监测空气质量、水质变化和植被覆盖情况。例如，在某水域环境监测中，无人机通过光学传感器采集大面积湖泊区域的图像数据，从这些图像中确定水质污染区域，并将信息及时反馈给相关部门。

然而，恶劣天气及光照条件变化会影响传感器的采集效果，导致监测数据精度下降。特别是在雾霾或阴雨天气，图像质量的降低将严重影响后续资料的分析和处理。

光学传感器作为无人机技术的重要组成部分，以高分辨率、实时成像和应用灵活的特点，在农业、城市巡检和环境监测等诸多领域发挥了至关重要的作用。尽管光学传感器的应用具有显著优势，但它们在环境干扰、光照变化和天气影响方面也面临一定挑战。为促进光学传感器性能的提升，未来的研究重点包括提高传感器适应性、开发更先进的数据处理算法，以及与其他传感器技术相结合，以增强传感器在复杂环境下的稳定性。伴随着无人机技术的进步，光学传感器将为更多领域的无人机提供有力的数据支撑，推动相关产业向智能化、数字化方向转变。

二、激光雷达传感器

激光雷达（LiDAR）技术在无人飞行器领域的应用，已经成为地理信息采集、环境观测以及精确地图绘制等多项任务中的核心技术之一。LiDAR 传感器通过发射激光并测量回波时间生成三维点云数据，为后续的空间分析、三维建模及地形测绘提供高精度的基础信息。相比传统测绘方法，LiDAR 不仅能够提供较高的精度，还能有效应对复杂环境下的各种障碍物干扰，例如密集的树林、城市高楼或山区复杂地形。随着无人机技术的不断进步，LiDAR 传感器因其轻便和高效的特点，已逐渐成为众多行业的首选工具,应用范围涵盖从灾后评估到森林资源的实时监测等多个领域,上至城市规划,下至考古勘察,处处可见激光雷达的身影。本论文将对 LiDAR 传感器的工作原理、使用特点及面临的挑战进行深入探讨,并通过具体实例分析帮助读者充分了解该传感器在无人机执行任务中的重要意义。

(一)激光雷达传感器的工作原理及技术特点

激光雷达(LiDAR)传感器通过激光脉冲照射目标并接收反射光来进行距离测量。其原理是利用激光发射器发射脉冲激光,当激光被目标物体反射时,传感器测量激光从发射到接收之间的时间差,从而计算出激光到达目标的距离。由于光速是已知的,时间差可以精确转化为距离。激光雷达系统可以在极短时间内发射大量激光脉冲并采集回波信号,从而构建周围环境的三维点云数据并生成目标区域的空间信息。

LiDAR 具有高精度捕获地面细节的技术优势。区别于常规地面测量技术或影像获取方式,LiDAR 可穿透树冠和建筑物遮挡物,直接获取地表高度信息。在森林资源勘察和地形测绘工作中,与传统测绘相比,LiDAR 能够获得更细致的三维数据。特别是在森林覆盖、城市密集区或灾后废墟等复杂地形环境下,激光雷达可以准确获取目标区域的三维结构信息,避免传统光学传感器因光照、天气及其他外界条件限制而产生误差。LiDAR 用于森林资源监测时,可以提供树木高度、冠层密度以及地面起伏的详细资料。传统地面调查通常需要大量人工投入,并受可视范围限制,而 LiDAR 借助无人机进行数据采集,能够在短时间内覆盖广泛区域,生成准确的点云数据,为森林资源评估提供更可靠的依据。LiDAR 技术与其他遥感数据相结合,还能帮助研究者深入分析森林生态状况、碳储量及其他重要信息。

LiDAR 技术在实施过程中仍面临一些挑战,特别是在传感器重量及成本方面。尽管随着科技的发展,LiDAR 系统已经逐步轻便化,但高精度 LiDAR 传感器通常仍较为昂贵,这对某些预算受限的项目来说可能并不适用。此外,激光雷达技术在恶劣天气条件(如雾霾、强风)下,其反射信号的准确性可能会受到影响,从而降低数据质量。如何优化激光雷达的稳定性并降低成本,仍是业界研究的重要课题。

(二)激光雷达在无人机上的应用及未来发展

激光雷达传感器被广泛应用于无人机上,种类繁多。除在传统测绘、环境监测、资源调查方面发挥重要作用外,激光雷达技术还被应用于灾后评估、城市建模、道路勘测等领域,并逐步凸显其不可替代的优越性。无人机配备 LiDAR 传感器,使其能够有效覆盖广泛区域,并收集精确的三维空间信息,为地理信息系统(GIS)提供宝贵的数据支撑。在灾后评估中,使用 LiDAR 传感器显得尤为重要。灾后第一时间,特别是在地震或洪水灾害发生后,地面交通常常遭受严重冲击,常规地面调查与遥感技术不一定能够快速获取灾区的详细资料。无人机携带 LiDAR 传感器可以在较短时间内对灾区进行全面扫描，并快速生成灾后地区的三维点云数据，以辅助政府及救援部门进行灾情评估，制定更准确的救援计划。在某次地震灾后评估过程中，无人机携带 LiDAR 传感器精确捕捉了倒塌建筑的结构及地面沉降的详细信息，为后续重建工作提供重要依据。

在城市建模和基础设施检查方面，LiDAR 技术展现出极大的应用价值。城市规划师与建筑工程师利用无人机搭载 LiDAR 技术，可以高效获取城市建筑的三维数据并制作高精度模型。LiDAR 生成的点云数据可以提供建筑外立面的高度、深度以及形状的详细信息，从而为建筑的养护、加固及重建提供可靠的基础。在最近几年中，众多城市开始采用无人机和 LiDAR 技术进行城市三维建模，这不仅有助于城市规划，还能支持智能交通系统的部署以及环境监控等多项任务。尽管 LiDAR 技术为无人机应用带来了巨大的潜力，仍然存在一些发展挑战。LiDAR 传感器成本较高且尺寸较大，这限制了其在部分小型无人机中的使用。为了增强无人机的飞行时间及负载能力，轻量化、低成本化的 LiDAR 系统仍是技术发展的重要方向。此外，在利用 LiDAR 技术进行大规模数据采集时，高数据量的处理也是一个迫切需要解决的问题。现有的 LiDAR 数据通常需要较强的计算能力进行后期处理与分析，而如何对这些大量数据进行有效的处理与存储仍是 LiDAR 广泛应用的瓶颈问题。

激光雷达（LiDAR）传感器是无人机技术的重要组成部分。凭借高精度和高效率的优势，LiDAR 在许多产业中展现出巨大的应用潜力。通过提供准确的三维点云数据，LiDAR 在地理信息采集、环境监测和城市建设中提供了可靠的数据支撑。尽管 LiDAR 技术在成本、数据处理和环境适应性方面面临挑战，但随着技术的不断进步和创新，LiDAR 系统的应用范围和性能将持续提升，从而推动无人机技术在更广阔的领域发挥作用。在 LiDAR 传感器轻便化、成本降低和数据处理技术取得突破性进展的背景下，有理由相信激光雷达将成为无人机应用的核心技术，为更多产业带来创新性解决方案。

三、红外成像传感器

红外成像传感器是无人机中最核心的传感器之一。随着科技的发展与成本的不断下降，这类传感器在近几年得到了广泛应用。红外成像传感器通过探测物体的热辐射来生成影像，与传统的可见光影像不同，红外成像能够捕捉人眼无法看到的温度差异，因此在许多领域具有独特优势。从夜间监控到灾害响应，从环境监测到基础设施检查，红外成像传感器的出现无疑增强了无人机在复杂环境中的探测能力。尽管红外成像传感器具有许多显著的优势，其工作原理、应用特点以及面临的挑战仍然是行业内广泛探讨的课题[①]。本书将对红外成像传感器的工作机理、应用案例及技术挑战进行深入探究，以帮助读者更加全面地了解该技术在无人机上的应用价值与未来发展方向。

（一）红外成像传感器的原理及技术优势

红外成像传感器不同于传统的可见光相机，其工作原理也有所不同。传统相机通过拍摄可见光的反射来生成影像，而红外成像传感器则通过测量物体的热辐射来"观察"目标。任何温度高于绝对零度的物体都会产生热辐射，并在红外波段释放能量。红外成像传感器能够感知这些热辐射，并将其转化为图像形式，通过不同的颜色表示各种温度区域，从而生成所谓的"热图"。这种技术使得红外成像传感器能够在光线不足或恶劣天气条件下准确成像，这也是其主要优势之一。

红外成像传感器在夜间监控、能源检查和消防救援中具有广泛的应用前景。红外传感器应用于这些场合时，其优势在于能够穿透雾霾、烟雾以及完全黑暗的环境，并提供清晰的影像数据。在森林火灾监测中，红外传感器可以通过探测热源定位火灾起始点，即使在夜晚或烟雾弥漫的环境下，也能准确发现火源位置，辅助救援人员迅速采取行动。在农业监测任务中，红外传感器可以实时探测农作物的温度变化，发现病虫害或缺水区域，有助于农户优化灌溉与施肥策略。

红外传感器对环境的适应性较强，在极端天气条件下也能提供稳定性能。相较于普通视觉传感器，红外传感器摆脱了光照条件的限制，无论是在晴天、阴天还是夜间，都能稳定输出高质量数据。这一特性使红外成像在许多领域的应用显得尤为重要，尤其适用于光照条件不稳定的场景，例如矿区和山地搜索等复杂工作环境。红外成像技术为这些场景提供了其他传感器难以匹敌的数据支持。

尽管红外成像传感器具有诸多优点，但其工作原理也带来了一定的局限性。红外成像的分辨率通常较低，尤其是在探测范围较大的情况下，成像的清晰度不如光学传感器。此外，红外成像传感器对温度差异较小的目标检测能力有限，难以在极微弱的温差条件下实现精确成像。为了弥补这些不足，现有的红外成像传感器通常与其他传感器（如光学相机、LiDAR）结合使用，以提供更全面、精确的数据支持。

（二）无人机上红外成像传感器的应用实例及发展方向

红外成像传感器在无人机上的应用已覆盖众多产业，尤其在灾害响应、农业和建筑监测领域，展现出不可替代的重要价值。一个典型的应用案例是无人机用于灾后评估。自然灾害发生后，传统地面调查常因交通受阻和环境危险而难以开展，而无人机搭载红外传感器可以快速飞抵灾区并进行有效评估。例如，在地震救援中，救援队伍

---

① 杜艳忠,黄东锋.测绘工程中无人机影像处理技术的应用策略探究[J].新疆有色金属,2025,48(01):14-16.

利用无人机携带的红外成像传感器对建筑物倒塌区域进行快速扫描,确定热源位置,从而帮助救援人员迅速定位被困人员。这一应用不仅显著提高了灾后评估效率,还极大提升了救援工作的安全性。

在农业领域中,红外传感器是精准农业得以实现的重要支撑。通过对农田温度变化进行实时监测,红外传感器可以辅助农户探测作物生长状况、土壤湿度和病虫害。在一个大型农业项目中,红外传感器利用无人机飞行获取农田热图,帮助农户及时发现农作物因水分不足导致的温差较大,从而调整灌溉方案以提高农作物产量。该技术使农业生产更加智能化和精细化,大大减少了人力成本与资源浪费。尽管红外成像传感器在这些领域的应用十分广泛,其未来发展仍面临一些挑战。提高图像分辨率是今后重要的发展方向之一。目前,许多红外传感器的分辨率较低,导致成像不够细腻,难以满足高精度任务的需求。如何既能改善图像质量,又能提高传感器灵敏度,同时控制成本,将成为推动红外成像技术进步的关键。此外,对数据处理技术进行优化也是重要的发展方向之一。红外成像具有数据量庞大、处理复杂的特点,如何利用更先进的算法与硬件加速技术实现实时数据的处理与分析,是促进红外传感器高效应用的关键所在。

红外成像传感器是无人机系统不可或缺的一部分。凭借其高效性和适应性强的特点,在许多行业应用中展现出巨大潜力。不论是在灾后评估、农业监测、环境保护还是基础设施检查领域,红外传感器都为无人机提供了强有力的数据支撑。尽管技术不断进步,红外成像传感器仍面临一些挑战,例如图像分辨率和数据处理能力问题。然而,随着技术的持续发展,特别是在传感器灵敏度、数据处理算法和硬件技术方面的突破,未来的红外成像传感器将在无人机应用中发挥越来越重要的作用,推动智能化、精准化应用向更深层次发展。

四、多光谱与超光谱传感器

多光谱和超光谱传感器作为近年来无人机应用领域中越来越突出的技术,通过捕获不同频段的光信息,提供比传统光学传感器更多的地理数据。多光谱传感器可以捕获可见光和近红外光特定频段的信息,而超光谱传感器则可以获取更精细波长下数百个光谱通道的信息。这使得它们在农业监测、环境保护、灾害评估等多个领域具有不可比拟的优势。区别于传统的可见光影像,这类传感器不仅能够帮助使用者观察地面物体的"颜色",还能够揭示其物理和化学特性,从而大大拓展了遥感技术的应用边界。

无人机搭载多光谱和超光谱传感器已成为开展精细化农业管理、环境变化监测和森林资源调查的标配。随着传感器技术的不断优化以及价格的逐步下降,越来越多的行业开始认识到其在数据收集与分析方面的巨大潜力。然而,尽管多光谱与超光谱传感器的应用前景广阔,它们在实际应用中仍面临诸多挑战,例如数据处理的复杂性、对环境适应性的要求以及精度提升的需求。本节将深入探讨多光谱和超光谱传感器的工作原理、应用场景及未来发展方向,并通过具体案例分析展示它们在无人机执行任务时如何发挥重要作用。

(一)多光谱和超光谱传感器及其优点

多光谱与超光谱传感器最核心的区别在于其能够捕获的光谱范围不同。多光谱传感器通常获取较少的红、绿、蓝以及近红外波段的数据,这些波段可以提供对象的基本光谱信息,并有助于分析植物生长状况、土壤湿度以及其他特性。超光谱传感器则具有捕获更多光谱信息的能力,通常覆盖几百到上千个连续波段,每个波段都代表物体对特定光波长的反射、吸收或透过能力。通过对这些数据的分析,发现超光谱传感器可以提供更细致、更准确的地面物体组成信息,包括土壤类型、植被种类以及污染源识别。

多光谱传感器由于造价较低,在农业、林业和地质调查中得到了广泛应用。在农业监测中,多光谱传感器能够准确监控作物健康状况。利用近红外波段(NIR)和红波段技术,可以清晰区分健康植物和枯萎植物之间的差异,这对于早期识别农作物病虫害并进一步优化农业管理策略具有至关重要的作用。在某项农业监控任务中,农户可以利用多光谱传感器实时数据发现农田存在病虫害问题,并及时采取措施进行预防和治理,从而减少农药使用,提升作物产量。

超光谱传感器的设计更加精确,特别适合需要更高数据解析能力的应用场景。超光谱成像技术在环境监测、矿产资源勘查和灾害响应中被广泛应用。超光谱传感器通过精细的光谱数据能够探测出极其微小的物质变化,甚至区分不同类型的植被或污染源。在环境监测领域,超光谱传感器有助于识别土壤水分变化、监测森林吸收二氧化碳的能力以及分析水体污染物的含量。当超光谱传感器与传统遥感数据相结合时,它能够显著增强地理信息系统(GIS)分析的精确度和深度。尽管超光谱传感器在精度和数据维度上具有显著优势,它们通常存在体积较大、数据处理复杂和成本较高的问题。近年来,随着科技的发展,传感器的重量逐渐减轻,价格也在不断下降。然而,对于某些小型无人机任务而言,如何在精度、重量和成本之间取得平衡仍是一个值得深入思考的问题。

(二)多光谱和超光谱传感器在实践中面临的挑战和展望

尽管多光谱和超光谱传感器在多个领域展现出巨大的潜力,它们的实际应用仍然面临许多挑战。其中最突出的一个挑战是复杂的数据处理。尤其是在超光谱传感器中,由于每一个图像像素点都包含几百乃至上千个波段的数据,产生的数据量非常庞大,使得处理、存储以及分析工作变得极为复杂。如何有效地处理这些海量数据,特别是在实时应用场景中,是当前技术发展过程中的一个难题。

此外,数据存储与传输能力的限制通常需要高性能计算设备与快速数据处理系统的支持,而这些能力在某些低成本低功耗的无人机平台上难以满足。

以农业监测为例,超光谱传感器能够为农民提供详尽的农作物健康数据,包括植物中的氮含量和叶绿素浓度等关键指标。实时采集和分析这类信息所面临的主要挑战是超光谱传感器所产生的数据规模过大,而一般计算平台通常难以在短时间内对其进行高效处理。在某些需要快速响应的农田管理场景下,如何有效抽取关键信息和及时提供决策支持,已成为制约超光谱传感器推广应用的瓶颈。

此外,环境因素也会影响多光谱和超光谱传感器的性能。传感器的工作精度受天气条件和光照变化的影响较大。当天气情况复杂时,例如云层遮挡或阳光过强,传感器的图像质量可能会出现一定程度的下降,从而影响数据的准确性。在实践中,如何增强传感器的适应性和降低环境干扰,已成为优化传感器性能的重要问题。

伴随着科技的进步,多光谱和超光谱传感器在无人机中的应用前景广阔。传感器的精度与分辨率将不断提高,数据处理算法的效率也会逐步提升,从而更好地解决数据量大、处理复杂的难题。随着计算能力的不断增强以及云计算技术的快速发展,实时数据分析将变得越来越可行,这也进一步促进了多光谱和超光谱传感器在各行业中的广泛应用。无人机搭载高性能传感器将在现代农业、环境监测和城市管理中发挥重要作用。

多光谱和超光谱传感器是无人机技术的重要组成部分。由于它们具有高分辨率光谱成像的特点,已经在农业、环境监测和资源勘探方面显示出极大的潜力。多光谱传感器因其成本较低、操作相对简便而在农业监控、地质调查中被广泛使用;而超光谱传感器则凭借其精细的光谱分辨能力,为解决复杂环境下的难题提供了深层次的解决方案。在数据量增大、处理复杂和外部环境干扰因素影响的情况下,如何增强传感器稳定性、降低处理成本和提高实时分析能力,是当前技术领域中的一个重要难题。伴随着技术的进步,这些传感器未来将变得更加高效、智能,从而推动无人机技术在更多产业中的广泛应用。

第四节 传感器在无人机测绘中的应用与集成方法

一、传感器选择的影响因素

随着无人机技术的不断成熟,传感器已经成为其中的核心部分。不同种类的传感器在不同任务和环境中起到至关重要的作用。无人机任务种类繁多,包括农业监测、城市规划、环境保护、灾后评估等,每项任务对传感器都有不同的需求[1]。如何根据任务需要选择适合的传感器已成为高效、准确运行的先决条件。传感器选型不仅受任务需求影响较大,还与环境条件、数据处理能力和成本预算等诸多因素密切相关。本书将对影响传感器选型的关键因素进行深入探讨,并结合实际案例进行分析,以帮助读者更深入了解如何针对不同场景选用适合的传感器,从而提高无人机任务执行效果。

(一)将任务需求和传感器类型匹配

无人机的任务要求是传感器选型中最基础的因素,每项工作的属性和对象决定了需要哪些传感器。农业监测中,农田的广阔性及作物的生长状况要求传感器具备高分辨率和多波段成像能力。多光谱或超光谱传感器因能够同时捕获可见光与近红外光谱而常被优先选择,这有助于分析植物健康状态、土壤湿度及病虫害侵袭情况。

以农业监测为例,一位农场主希望利用无人机监控农作物的生长状况。无人机搭载多光谱传感器,可以帮助准确判断农作物是否需要灌溉或施肥,并探测其生长速度和健康状况。在这种情况下,常规单波段可见光传感器无法提供充分的生物物理信息,因此多光谱传感器显得尤为重要。它不仅能够提供植被指数(NDVI),还可以捕获植物反射的近红外光,从而进一步提高作物健康状况的检测精度。

区别于农业监控,灾后的评价任务对传感器有不同的需求。灾区通常面临严重破坏和复杂的环境条件,例如废墟和倒塌的建筑物。在这样的背景下,配备红外成像技术或激光雷达(LiDAR)传感器的无人机显得尤为适宜。红外传感器能够在低光照条件下或烟雾弥漫的环境中辅助寻找被困人员的热源,并迅速定位灾区的危险区域;而激光雷达则能够高效生成复杂地形下的三维点云数据,有助于评估建筑物的损伤情况以及灾后环境的变化。

---

[1] 韩佳. 遥感测绘技术在滑坡灾害预警中的应用[J]. 华北自然资源,2025,(01):79-81.

(二)环境条件和传感器性能的匹配

环境条件对传感器性能的影响是选型时必须考虑的重要问题。传感器的工作效率和数据质量会受到多种环境因素的显著影响，包括但不限于天气状况、光照强度、地形特点以及温度和湿度。在理想环境下，传感器能够最大限度地发挥其性能；而在恶劣环境中，其稳定性与可靠性则显得尤为重要。针对具体环境条件，传感器的选型至关重要。

在高楼林立或森林密布的城市环境中，GNSS信号会遭受严重干扰，因此无人机需要配备能够应对上述挑战的导航系统。在执行城市建筑巡查任务时，选择激光雷达(LiDAR)系统显得尤为合适。LiDAR能够通过激光穿透障碍物，精确测量建筑物的高度和形状，即使在GNSS信号较弱的环境中，LiDAR传感器也能提供稳定的性能。此外，在进行森林监测任务时，激光雷达系统同样可以穿透树冠并获取地面的数据，对地形测绘以及森林资源评估具有非常重要的意义。气象条件对传感器的选型同样至关重要。在高湿度、高温或强风等恶劣气候条件下，有些传感器可能会丧失灵敏度或出现性能下降的现象。红外成像传感器由于不依赖可见光，在低光照、雾霾和烟雾环境中都能正常使用，因此对这些环境具有良好的适应性。红外传感器通过感应物体的热辐射实现成像，有助于识别热源和温度变化，甚至在昼夜交替或光线不足的情况下也能发挥作用。

在执行极端天气救援任务时，无人机携带红外成像传感器可透过厚厚的云层与雾霾，向救援人员及时提供受困热源信息，以辅助快速定位。而若采用一般光学传感器，则会由于能见度较差导致数据无法精确获取，从而错过救援黄金时间。在这类工作中，选用红外成像传感器显然是较为合适的。影响传感器选型的因素烦琐复杂，包括任务需求和环境条件。无人机携带的任务种类直接决定了对传感器性能的需求。不论是农业监测、城市巡检还是灾后评估领域，选用合适的传感器都能极大地提升任务效率和精度。环境条件也至关重要，例如天气、光照和地形都会显著影响传感器的工作效果。只有将以上因素综合考虑，才能确保无人机以最佳性能完成任务。伴随着科技的进步，传感器的类型与性能不断提升。随着新的传感器与数据处理技术的出现，传感器的选型将变得越来越灵活与智能，为无人机在更多领域的应用提供了更准确的数据支撑。

二、传感器数据的同步与标定

在无人机技术应用越来越广泛的今天，传感器已成为无人机系统的重要组成部分，肩负着数据采集、环境感知以及任务执行的关键功能。鉴于无人机通常配备多个传感器，这些传感器在飞行过程中需要协同操作，以确保数据的准确性和统一性[1]。因

---
[1] 何学志,李九鸿,龚弦.无人机测绘技术在工程测量中的应用分析[J].工程与建

此,对传感器数据进行同步和标定成为保证无人机高效完成复杂任务的重要环节。数据同步涉及不同传感器在时间上的配合,而标定则确保各传感器能够提供精确的物理数据。这两部分是无人机执行任务成败的关键,尤其是在复杂环境与精细任务中,传感器数据的准确性和一致性直接关系到任务执行的效果。如何对多传感器数据进行同步和标定处理,已成为无人机技术面临的一项重要挑战。

(一)传感器数据同步面临的挑战和途径

在无人机的应用场景中,通常会搭载各种不同类型的传感器,例如GNSS、IMU(惯性测量单元)、光学摄像机和LiDAR。这类传感器采集飞行中频率不同、时间步长不一的数据,如何使其高效同步以保证时间一致性是一个技术难题。IMU传感器的采样频率可达100Hz或更高,而LiDAR的采样频率可能仅为几赫兹。如果这些传感器数据没有得到合理同步,其生成的数据将在时间维度上发生错位,从而影响后续数据的融合和处理。

要使传感器数据同步,一般使用时间戳进行标注,即为各个数据点赋予准确的时间戳。尽管各传感器的采样频率不同,通过时间戳可以将它们的测量数据对齐,形成一个统一的时间序列。在实际操作中,通常采用高精度的GNSS系统作为全局时间的基准,而其他传感器的数据则通过时间戳与该基准保持同步。在精准农业监测中,无人机在区域图像采集过程中需携带GNSS和多光谱传感器。飞行控制系统能够确保所有传感器的数据基于相同的时间基准,从而精确匹配地理坐标和图像信息,最终获得高质量的地理数据。

同步过程中普遍存在时间误差,特别是在飞行时,不同传感器因硬件及计算能力的差异可能出现微小的时间偏差。该偏差会随着飞行时间不断累积,从而影响数据质量。针对这一问题,通常采用时间对齐算法、多种校正方法或利用传感器间的物理特性实现相互校正。本实用新型提高了数据同步的准确度,能够保证不同传感器的数据在后续处理过程中得到有效组合,从而产生优质的测量结果。

(二)传感器标定复杂,技术手段烦琐

传感器标定是确保无人机任务顺利实施的关键环节,尤其对于多传感器系统而言,标定难度更高,过程也更复杂。传感器标定是指通过一系列规范化的方法和技术手段,确保传感器输出的数据和实际物理量之间关系的准确性。由于不同传感器的工作原理及误差特性各不相同,标定工作通常需要针对每个传感器单独完成,并要求在具体环境中进行试验验证。

IMU传感器校准主要通过对传感器的加速度和角速度参数进行测量,以考察传感器的零偏、比例因子以及正交性。为完成IMU校准,一般采用高精度静态设备进行测

量，并利用已知的标准运动模型修正传感器。对于光学传感器而言，校准工作还涉及相机内外参数的校准，即对相机的焦距、畸变和传感器坐标系进行修正。这个过程必须在已有的标定板或其他已知特性支持下完成。LiDAR 传感器的校准过程同样复杂，包括雷达与其他传感器在相对位置和角度方面的精确校准。该流程需要在飞行前和飞行后定期检测，以确保 LiDAR 数据的准确性。实际工作中，传感器标定通常依赖规范的标定设备以及精确的实验环境。以无人机高精度地形测绘为例，一般采用 LiDAR 传感器与 GNSS/IMU 系统同时携带的方式。为保证点云数据和 GNSS/IMU 数据的高精度匹配，传感器系统需要经过严格校准后才能进行飞行。任何微小的标定误差都会对测量结果的精度产生直接影响，从而导致后续地形建模或数据分析时出现偏差。为减小这一误差，标定通常使用专业测量平台，以实现标定流程的标准化和自动化。

在无人机应用场景日益拓展的今天，传感器标定与同步问题面临较大挑战。大型城市建模过程中，通常需要依赖多架无人机同时完成工作，这要求确保每架无人机携带的传感器具有严格的时空标定与同步，以保证不同数据源之间的无缝连接。传感器的质量及工作稳定性对标定结果也有显著影响，特别是在飞行时间较长、环境复杂的情况下，传感器可能受到温度、湿度以及振动的影响，从而导致标定结果发生变化。定期检查与重新标定是确保系统长期稳定、准确运行的必要措施。

传感器数据同步和标定在无人机技术中是一个不可忽视的重要环节，这些数据直接影响任务的成败。数据同步能够确保多传感器系统协同工作，同时避免时间误差对数据融合与处理结果的影响；而传感器标定则保证传感器采集的数据能够准确反映物理世界中的真实状态。随着无人机的广泛应用，尤其是在测绘监测及应急响应等对高精度需求的任务中，提高数据同步及标定的效率及精度已成为当前技术发展的重点。伴随着传感器技术的不断进步以及数据处理算法的持续优化，数据同步及标定工作将变得越来越高效和自动化，从而推动无人机在更广泛领域的应用。

三、传感器与无人机平台的集成方法

在无人机技术日益发展的今天，传感器与无人机平台的集成问题越来越成为其中的关键技术。无人机平台通常需要搭载多种传感器，例如光学相机、激光雷达、红外成像传感器以及多光谱传感器。如何有效地将这些传感器集成到无人机平台的各控制系统中，并保证系统的稳定性、精度和灵活性，是无人机研发过程中不容忽视的难题。传感器的集成不仅涉及硬件上的兼容与协作，还要求在软件层面进行高度协同，从而实现数据的实时采集、处理和反馈。在许多领域，无人机携带传感器执行任务的成功与否通常取决于集成质量。在城市监控、农业检测、环境保护、灾后评估等领域，如何对传感器与无人机平台进行合理配置和整合，以保障任务的有效完成，已经成为研究界和工业界的热点。本书将对传感器和无人机平台的融合方法进行深入探讨，剖析融合过程中遇到的技术难点，并结合具体实例，帮助读者更深入了解该技术在实践中的应用情况及面临的挑战。

（一）硬件集成和优化

硬件集成作为传感器和无人机平台融合的基础，需要实现各种传感器和无人机飞行平台的有机结合。硬件集成包括传感器选型、接口匹配、载荷分配和重量平衡等几个方面。无人机平台携带多个传感器时，需要综合考虑每个传感器的尺寸、重量、电力消耗以及安装位置，才能确保飞行器既能满足任务需求，又能保证飞行性能。其中一个典型应用场景是在农业领域使用无人机。农业无人机通常需要携带多光谱或超光谱传感器，以获取植物健康状况的数据，而这些传感器通常重量较大、尺寸较大。为保证无人机飞行时的稳定性及负载能力，需要对传感器的安装位置进行优化。传感器通常安装在无人机底部或翼尖上，以确保传感器的视场不受阻挡，同时尽可能减轻重量对飞行性能的影响。此外，在这种无人机的电力系统中，还需考虑传感器的用电需求。多光谱传感器、红外传感器及光学相机的功耗差异较大，需要根据传感器的功耗合理配置电池，以确保任务的持续性。

传感器和无人机平台之间的衔接方式同样至关重要。现代无人机系统通常采用数据总线（如 CAN 总线）或以太网协议进行通信。传感器与飞行控制系统、导航系统以及数据处理系统之间通过上述通信接口相连，以确保数据的实时传输与反馈。在高精度测绘任务中，传感器及无人机平台通信的稳定性及速度直接关系到任务的效率及准确性。例如，在执行地形测绘任务时，无人机必须实时传输激光雷达（LiDAR）和GNSS 的数据，以便飞行控制系统能够进行实时路径调整。如果通信接口不稳定，则可能出现数据延迟或丢失的情况，从而导致测量数据不准确，进而影响任务结果。

（二）软件集成和数据融合

除硬件集成外，软件集成和数据融合也是实现传感器和无人机平台集成的关键环节。传感器与无人机平台需要高效的软件系统对数据进行处理和协调，确保多传感器数据的准确性与一致性。特别是在多传感器系统中，如何融合不同传感器的数据并保证其完整性与一致性，成为提高任务效率与准确性的关键问题。

在城市建筑检测中，无人机既可携带光学相机，也可携带 LiDAR 传感器。光学相机能够提供高分辨率图像数据，而 LiDAR 传感器则能够生成三维地形数据。为了实现建筑物三维模型的准确重构，飞行控制系统需要有效整合这两类数据。该过程要求时间同步精确、空间对齐准确，从而保证不同传感器数据的匹配。传感器数据融合方法通常包括基于图像、基于点云以及基于标定板的融合方法。通过数据融合，该系统能够同时利用光学相机和 LiDAR 设备的优势，生成高精度的三维建筑模型。

数据融合同样是农业监控的关键环节。无人机可以携带多光谱传感器、红外传感器以及温湿度传感器，这些传感器采集的数据具有不同的物理特性。多光谱传感器能够提供植物健康状态的数据，红外传感器可以反映土壤湿度，而温湿度传感器则为环境气候提供数据支持。通过高效的数据融合，农户能够获得综合的农田管理方案，并对灌溉、施肥或病虫害防治措施进行适时调整。在大规模农业监测项目中，研究人员可以通过融合不同传感器的数据分析土壤湿度和植物生长之间的关系，从而优化农业生产流程，减少资源浪费。

软件集成和数据融合面临诸多技术难题。传感器数据格式不统一、精度差异较大以及对实时性要求较高的特点，使数据融合变得更加复杂。为应对这些挑战，行业内常采用卡尔曼滤波、粒子滤波和深度学习等先进技术，以提高数据融合的准确性和效率。这些算法不仅能够实现多个传感器之间的信息共享，还能在动态环境下进行实时调节，从而确保数据融合的稳定性。传感器和无人机平台的整合是无人机多任务运行的基础，而硬件整合和软件整合则是确保这一整合成功实施的关键。硬件集成不仅涉及传感器的选型、安装位置及电力分配问题，还需兼顾无人机平台的负载能力及飞行性能。为实现软件集成和数据融合，必须确保不同类型的传感器数据能够有效协作，从而保证任务的高效完成。在无人机技术不断发展的背景下，传感器的种类和性能也越来越丰富。因此，如何对传感器集成后的结果进行进一步优化，以提升数据处理效率与准确性，将成为无人机技术未来的重要研究方向。不论是在农业、环境监测、城市建设还是灾后评估等领域，传感器和无人机平台的深度融合都将推动无人机在更多应用场景中展现更大的潜能。

四、数据融合与信息处理技术

在无人机技术日益进步的今天，多传感器系统已经成为当代无人机平台上不可或缺的组成部分。多传感器系统通常由激光雷达、红外传感器、光学相机、GNSS、IMU等多个设备组成。这些设备各自独立获取不同类型的数据，并为无人机执行各种任务提供支持。这些传感器输出的数据通常具有时间差异和空间不一致的特点。如何有效融合这些不同传感器输出的信息并形成统一的高质量数据输出，是无人机技术的核心难点之一。数据融合和信息处理技术作为破解该难题的关键技术，已被广泛应用于各行业。通过有效的数据融合算法，可以有序融合多源信息，既提高任务执行精度，又极大增强无人机系统的可靠性与适应性[1]。本书将对无人机上的数据融合和信息处理技术的原理、实施方法和挑战进行深入探讨，有助于读者更加全面了解该技术如何促进无人机行业发展和增强多领域的应用成效。

---

[1] 吴斌. 工程测量中GIS技术和数字化测绘技术的应用研究[J]. 科技资讯, 2025, 23(03):131-133.

(一)数据融合基本原理和应用方法

数据融合是指对多种传感器数据进行整合,并通过算法处理和分析,以获得比单个传感器数据更准确、更可靠的信息。无人机系统中的数据融合通常包括传感器数据的时空对齐、误差修正、信息补充以及综合分析。通过数据融合,无人机能够克服单一传感器的定位误差、传感器漂移以及视野受限等数据缺陷,从而获得更精确的环境感知与飞行控制信息。基于卡尔曼滤波的算法是最常用的数据融合技术之一。卡尔曼滤波是一种利用传感器收集的时间序列数据,通过预测与修正逐步减少系统误差的技术。它通常应用于 IMU 与 GNSS 的数据融合中,可以有效提高无人机在 GNSS 信号不稳定或完全丢失情况下的定位精度。

用于精准农业监测的无人机通常配备 GNSS、IMU、光学传感器以及多光谱传感器等多种设备。卡尔曼滤波技术能够动态调整多传感器之间的数据关系,通过算法融合 IMU 与 GNSS 数据,修正航向误差与位置漂移参数,确保无人机稳定地在农田上空飞行,从而实现高精度的数据采集。

粒子滤波是一种常用的数据融合技术,与卡尔曼滤波相比,它更适合处理非线性系统和复杂的动态环境。粒子滤波通过在状态空间中离散化,将状态表示为一系列"粒子",并经过多次迭代逐渐收敛到最优解。该技术在城市环境下的无人机复杂动态系统场景中得到了广泛应用。

在城市高楼密集区,由于 GNSS 信号容易丢失或受到干扰,粒子滤波可以将 IMU、LiDAR 和视觉数据等多种传感器数据进行结合,从而实现无人机更加精确的定位与飞行路径规划。通过数据融合,尤其是在动态环境下的应用,无人机能够以较高的稳定性和精度完成复杂任务。例如,在灾后评估中,无人机通常需要在非平稳环境下飞行,并结合 LiDAR、红外成像以及高分辨率摄影传感器的数据。利用融合算法,救援人员能够快速评估灾区损毁情况、准确定位受灾区域,并规划救援路径。这种高效的数据融合不仅节省了宝贵的时间,还显著提升了救援操作的精准度。基于上述研究整理,相关内容见下表。

表 2-5 无人机数据融合基本原理与应用方法

技术方法	原理与作用	典型应用与影响
数据融合基本原理	通过多传感器数据融合,克服定位误差与漂移,提升精度	改善无人机环境感知与飞行控制,实现精确的任务执行
卡尔曼滤波	利用时间序列数据,通过预测与修正减少系统误差	IMU 与 GNSS 数据融合,确保无人机在 GNSS 丢失时依然保持高精度定位
粒子滤波	处理非线性系统与动态环境,适应复杂场景	适用于城市高楼密集区,通过多传感器融合提供精准定位与飞行路径规划

续表 2-5 无人机数据融合基本原理与应用方法

技术方法	原理与作用	典型应用与影响
动态环境适应	通过多传感器融合实现高稳定性与精度	在灾后评估中,利用 LiDAR、红外成像与高分辨率图像数据提高评估精度和响应速度
典型应用	精准农业监控、灾后评估、城市环境飞行	在农业监控、灾后评估和城市环境任务中提高飞行稳定性与任务完成度

(二)信息处理技术面临的挑战和今后的发展方向

信息处理技术对于无人机系统具有至关重要的意义,尤其是在多传感器系统中,如何有效处理与分析大量数据已成为当前技术发展的重要难题。由于无人机在飞行过程中采集的数据量巨大,并且不同传感器的数据格式、精度以及采样频率各不相同,因此信息处理系统需要具备强大的数据处理能力和智能化的数据分析方法。实时处理飞行任务过程中的数据并迅速反馈,已成为提升无人机性能、适应复杂工作环境的关键要素。

其中备受关注的难题之一是实时处理与存储数据。无人机搭载的传感器通常会生成海量数据,尤其是在进行高分辨率摄影、激光雷达和多光谱传感器工作时,数据量可能达到每秒数 GB。如何实时处理这些数据、提取有用信息、减少冗余数据以及规避信息存储瓶颈,是当前无人机数据处理技术面临的核心问题。在城市建筑监测中,光学传感器与 LiDAR 传感器会同时生成海量图像与点云数据,必须通过实时处理才能对飞行控制系统提供有效反馈。为了解决这一问题,许多无人机系统开始采用边缘计算技术,将数据处理迁移至传感器附近,从而降低数据传输与存储压力,提升系统的反应速度与效率。

还有一个难题是如何使数据处理算法更加智能化。随着人工智能(AI)和深度学习技术的不断发展,越来越多的无人机系统开始在数据处理和分析方面采用 AI 技术。AI 算法通过训练模型,可以自动识别影像中的物体,分析点云中的障碍物,甚至进行复杂的路径规划。深度学习技术有助于无人机在农业监控任务中实现作物病害的自动识别、作物生长状态的分析、飞行计划的制定以及数据采集策略的实时调整。这种智能化的信息处理不仅增强了无人机对复杂环境的适应能力,还极大地降低了对人工干预的需求。

尽管 AI 和深度学习技术在数据处理中的应用前景广阔,但其实施仍面临一些技术难题。AI 模型训练所需的数据量大、质量要求高、计算资源需求多,这些因素成为实时处理数据时的瓶颈问题。AI 算法的可靠性与稳定性仍须持续提升,尤其是在高速飞行与动态任务环境下,如何确保 AI 算法的实时性与准确性仍然是无人机技术发展的重点。

在无人机的多传感器集成中,数据融合和信息处理技术起着关键作用。通过有效的数据融合算法,无人机可以对不同传感器的数据进行实时同步及融合,从而增强系统的稳定性及准确性。不论是农业监测、灾后评估还是城市复杂飞行,数据融合技术为无人机提供了强大的智能支撑。在任务环境日益复杂化、数据量急剧增加的情况下,提高数据处理的实时性、智能化以及算法的稳定性,仍是无人机技术未来发展过程中面临的重要难题。伴随着边缘计算和人工智能技术的不断发展,无人机系统未来将能够更高效、更智能地进行数据处理,从而促进无人机在各领域中的广泛应用。

第三章 无人机测绘数据处理技术

第一节 无人机测绘数据获取与预处理流程

一、数据采集的基本要求

无人机技术的快速发展为各行业带来了革命性变革,其中无人机测绘技术的应用尤为显著。它可以为城市规划、农业监控和灾后评估等多个领域提供高效、准确的地理数据。在这些工作中,数据采集是测绘全过程的基础环节。优质的数据采集不仅决定测绘成果的准确性,还直接影响后续数据的处理与分析。因此,明确数据采集的基本需求并制定科学合理的采集方案,对于保障无人机测绘任务的顺利实施具有重要意义[①]。本书将对无人机测绘数据采集的基本需求进行论述,围绕采集精度、覆盖范围以及传感器选型等方面展开深入剖析,并结合具体实例,帮助读者更深入地了解如何在实际工作中达到上述要求,从而高效完成任务。

(一)数据采集的精度和分辨率需求

无人机测绘工作的核心任务之一是获取准确的数据,而这些数据在采集过程中必须满足一定的精度要求。开展地形测绘和环境监测工作时,采集精度的高低直接决定后续数据处理与分析工作的质量。精度要求不仅体现在空间分辨率上,还包括数据的几何精度、时间同步性以及高度精度。

地形测绘任务通常需要获取具有高空间分辨率的影像,这意味着在执行任务的过程中,无人机必须保持稳定的飞行高度,以确保其图像的地面采样距离(GSD)能够达到厘米级别。以城市建筑检测为例,建筑外立面的高度及形状测量的准确性必须依赖高分辨率的图像数据。如果图像分辨率不足,后续数据分析时建筑细节将模糊不清,

---

① 颜循英. 现代学徒制背景下无人机测绘专业"三向三阶"模块化课程体系构建与实践[J]. 教育观察,2025,14(04):63-65+69.

从而影响测量的准确性。无人机平台的选择、飞行高度的规划和传感器的配置直接影响最终数据的精度。

几何精度是数据采集中的重要指标。在高精度地图制作过程中,要求影像能够准确地与地理坐标系对齐。这就需要飞行控制系统具备高精度的定位与姿态控制功能。通常,无人机平台上会安装高精度的 GNSS/IMU 系统,以确保飞行过程中能够准确记录飞行路径和传感器位置。这不仅提高了数据的几何精度,还保证了在不同时段采集的数据之间的一致性,避免因飞行姿态变化而产生的误差。基于上述研究,整理相关内容见下表。

表 3-1 无人机测绘中数据采集精度与分辨率需求

精度类型	要求与意义	应用实例与影响
空间分辨率	需达厘米级别,确保影像细节清晰	城市建筑检测中识别外立面高度与结构,提升测绘准确性
高度精度	通过稳定飞行高度控制图像 GSD	地形测绘中影响地表模型构建与三维重建精度
几何精度	图像需与地理坐标系准确对齐	用于制作高精度地图,确保地理定位与数据匹配
时间同步性	各传感器采集数据需严格同步	保证多源数据在空间与时间上的一致性
姿态控制精度	精确控制飞行姿态,避免图像畸变或重建误差	在不同时段重复飞行中保持数据可比性与一致性
系统配置要求	需搭载高精度 GNSS/IMU 系统与合适传感器组合	提高飞行路径记录准确性,支持后续三维建模与分析

（二）覆盖范围和飞行路径的规划

除精度要求外,数据采集覆盖范围是无人机测绘的重要指标。在许多应用场景中,无人机以获取大面积区域数据为主要任务,需要对飞行路径进行合理规划,以确保测绘数据充分覆盖目标区域。在大比例尺测绘任务中,无人机须高效覆盖整个区域,飞行路径规划直接影响采集效率与数据完整性。

以大范围农业监测为例,农田面积通常较大,合理的飞行路径对数据采集的全面性具有重要意义。为确保每块农田均被覆盖,飞行路径通常需要结合农田实际情况进行优化设计。无人机在飞行高度、飞行速度及拍摄角度方面必须全面考虑,才能最大限度地提高数据采集的效率与质量。有时还需进行多次航拍,以确保各区域图像均被覆盖而不漏拍。合理规划飞行路径不仅可以提升测绘效率,还能有效缩短飞行时间,减少资源消耗,并降低作业成本。在规划飞行路径时,还需考虑飞行器的电池续航能力及任务时间约束等因素。对于长期执行任务的情况,如何平衡航程与电池容量,如何设计飞行线路以确保无人机能够安全返航,这些都要求在数据采集之前进行精心策划。对于一些特殊任务，例如灾后评估、环境监测等，通常需要在复杂的地理环境下执行，这时路径规划显得尤为困难且复杂。只有对飞行路径进行准确规划，才能确保任务目标区域得到有效覆盖并完成数据采集。

无人机测绘数据获取是测绘全过程中的关键环节，数据获取质量的优劣直接决定后续数据处理与分析工作的成果。采集精度与分辨率是数据质量的核心要求，确保传感器具有高分辨率与几何精度，有助于提供清晰、准确的地理数据。数据采集覆盖范围广，飞行路径规划合理，也是无人机测绘任务能否顺利实施的基础。合理的飞行路径不仅能够确保目标区域内的数据不被遗漏，还能提高任务执行效率。通过严格控制数据采集的基本要求，无人机测绘可以为各行业提供更高精度、更强可靠性的数据支撑，并为后续的分析和决策奠定坚实基础。伴随着科技的进步，无人机测绘未来将变得更加高效和精准，推动无人机技术在更多领域的应用。

二、数据清洗与格式转换

无人机测绘工作中，数据清洗和格式转换至关重要，直接关系到后续数据处理工作的成效和准确性。无人机携带多种传感器获取海量原始数据，例如光学相机、激光雷达（LiDAR）、多光谱传感器。原始数据中往往包含多种噪声、缺失值和格式不一致的情况，必须对其进行有效清洗和格式转换，以确保数据的可用性和分析的准确性。数据清洗及格式转换旨在剔除无关或错误数据、弥补缺失部分、统一不同格式的数据为标准格式，为后续处理分析打下坚实基础[1]。本书将对数据清洗的基本流程、技术手段以及常见问题进行深入探讨，同时结合实际案例，帮助读者加深对如何高效清洗与转换数据的理解，以保障无人机测绘任务的顺利开展。

（一）数据清洗的基本过程和技术手段

数据清洗作为数据预处理的核心，其首要目标是去除其中的冗余、错误以及无效信息。无人机测绘数据通常受到多种因素的影响，例如传感器故障、飞行稳定性不佳以及环境干扰，这些因素可能导致采集到的数据包含噪声、误差和缺失值。在数据清洗过程中，通常需要识别并剔除这些无效数据，以确保最终获得的数据集质量高、可靠性强。

在对影像数据进行清理时，常见的问题包括图像模糊、过曝或欠曝以及颜色失真。以农业监测为例，无人机利用多光谱传感器获取农田图像时，可能因天气条件变化或光照不均匀等因素导致某些影像区域出现过曝或欠曝，从而严重影响数据分析效果。在这种情况下，必须采用去噪算法或图像修复技术处理图像，以消除不必要的噪声并还原真实颜色。通过使用自适应滤波算法或高斯模糊技术，可以有效消除图像噪声、

---

[1] 李逦，姚广庆，许志利．基于无人机影像技术的不动产测绘技术研究[J]．住宅与房地产，2025，(03)：104-106．

修复过曝或欠曝区域并增强图像质量。

点云数据的清理是一大难题,尤其是在 LiDAR 数据的收集阶段,传感器可能会受到环境因素(例如雨水或尘埃)的干扰,从而导致某些数据出现异常。点云数据中可能包含离群点、不正确的测量值或无效点,这些问题会对后续的地形建模与分析造成影响。常见的清洗方法包括基于统计分析检测和清除离群点,以及基于邻域的点云修复。通过去除不正确的点云数据并对数据缺失区域进行补充,可以获得更准确、更可靠的三维模型,从而为后续的地形分析与决策提供强有力的支撑。在数据清洗过程中,还有一项重要的工作是对缺失值进行后处理。在无人机测绘过程中,由于飞行器遮挡、传感器失效或环境问题等原因,可能会导致部分区域的数据丢失。为避免这些缺失数据对最终结果的影响,通常会采用插值的方法来填充数据。常见的插值方法包括线性插值和样条插值,这些方法利用已有数据中相邻值对缺失值进行估计,从而保证数据的连续性和一致性。

(二)数据格式转换和标准化的方法

在无人机进行测绘时,所收集的数据通常来自多个不同的传感器,而这些传感器提供的数据格式往往各不相同。在随后的数据处理和分析过程中,如何实现对各种格式数据的有效转换和统一,成为数据预处理中的关键问题。数据格式转换的目的是将各种格式的数据集成到统一的标准格式中,以提高数据处理效率并减少因格式不一致引发的麻烦。以 LiDAR 与影像数据的组合为例,一般情况下,LiDAR 传感器生成点云数据,而光学相机或多光谱传感器生成影像数据。点云数据与影像数据在格式上存在显著差异,前者通常采用 XYZI 形式的点云数据格式,后者则采用 RGB 或 GeoTIFF 格式。在数据融合过程中,这些数据的格式需要经过转换。常用的处理方法是将点云数据转换为 LAS 或 PLY 标准点云格式,而影像数据转换为 GeoTIFF 格式。这种方式确保了地理信息系统(GIS)中的两类数据可以顺畅融合在一起。

数据格式的转换不仅是文件格式上的变化,还涉及坐标系统的一致性。在执行无人机测绘任务时,为确保空间上的一致性,通常需要将不同传感器采集的数据投射到同一坐标系统。LiDAR 数据通常采用大地坐标系(如 WGS84 或 UTM)表示,而图像数据可能使用不同的坐标系统。在格式转换过程中,必须对坐标系进行变换与匹配,以确保两种数据能够正确对准。实际应用中,这一流程通常依赖空间配准技术、坐标转换软件的专用工具或算法来完成。

在多源数据融合过程中,还需要校准传感器的测量误差。传感器误差可能来源于多种因素,例如传感器精度问题、校准不当以及硬件故障。这些误差会导致不同传感器数据之间存在偏差,从而影响数据融合的结果。在数据格式转换的要求下,校准传感器和采用误差修正方法以消除误差带来的影响是必要的。常见的误差修正方法包括基于地面控制点(GCP)进行精度修正,以及基于模型进行误差补偿等技术手段。

数据清洗及格式转换是无人机测绘过程中至关重要的一步,直接关系到后续数据处理及分析的准确性及效率。在数据清洗过程中,如何消除噪声、修复错误数据和弥补缺失值是保证数据质量的关键。而在格式转换时,如何将不同传感器采集的异构数据统一为标准格式并映射到同一坐标系统,是数据处理需要解决的核心问题。随着无人机技术和传感器技术的不断发展,数据清洗和格式转换技术也在不断进步。在大数据处理及人工智能技术的应用背景下,数据清洗及格式转换将变得越来越自动化和智能化,为无人机测绘提供更高效、更准确的支持。

三、影像数据的几何校正

伴随着无人机技术的快速发展,影像数据在地理信息获取中的意义日益凸显。无人机携带多种高精度传感器,可以在较短时间内获取海量高分辨率影像数据,在地图绘制、城市规划、农业监测以及环境保护等领域具有广泛的应用前景。然而,由于无人机飞行时往往受到诸多因素的影响,例如传感器几何畸变、飞行路径不规则性和大气条件变化,所获取的影像数据通常会出现几何失真问题,从而影响后续的数据处理与分析工作[1]。因此,对影像数据进行几何校正成为保证无人机测绘成果精度的关键环节。通过几何校正,可以去除影像中的失真,从而更精确地建立地理坐标系和现实世界之间的空间关系。本论文将以影像几何失真的问题根源为基础,讨论常用的影像几何校正方法及其应用案例,以协助读者深入了解几何校正技术的细节及其实际意义。

(一)影像几何失真的成因及影响

影像数据的几何失真主要来源于传感器特性、飞行平台不稳定性以及外部环境因素。在实际的无人机测绘任务中,传感器几何失真是导致影像几何失真的常见因素之一。无人机通常搭载光学相机或多光谱相机,这些相机通过透镜将地面信息聚焦到成像传感器上。然而,透镜的几何特性不可避免地会使光线发生偏折,从而导致图像失真。常见的畸变包括径向畸变和切向畸变。径向畸变表现为图像从中心向外拉伸,而切向畸变则由于镜头与传感器的相对位置不当,导致图像局部区域出现偏斜。

飞行平台的移动和姿态变化同样会影响影像数据的几何精度。在完成测绘任务后,无人机在空中飞行的位置与姿态可能发生细微改变,例如航向偏离或俯仰角度变化,这些因素会导致图像出现几何失真现象。如果无人机的航路不稳定,或者在飞行过程中震动、晃动幅度较大,所拍摄的图像可能无法真实反映地面目标的实际情况。尤其是在高精度测绘任务完成后,如果图像中的这些细微畸变得不到及时纠正,后续的数据分析与模型构建将面临极大挑战。

---

[1] 杜菊芬,任婷婷.基于无人机技术的有色金属矿山三维测绘方法探讨[J].冶金与材料,2025,45(01):89-91.

此外，环境因素也会加剧影像数据的几何失真。大气层的变化会影响影像光线的传播，导致图像出现模糊或色差现象。虽然这种效应在距离较远的遥感任务中更为显著，但即使飞行高度较低，气温和湿度的变化也会对图像质量产生负面影响。因此，在数据采集过程中，确保良好的天气条件和飞行状态平稳是降低几何失真的关键。

（二）影像几何校正技术方法及其应用

图像的几何校正是利用数学模型和算法对图像进行处理，以消除传感器畸变和飞行平台运动引起的几何失真。几何校正过程通常包括影像畸变校正、地面控制点配准以及空间对齐三个环节。这些环节通过构建精确的数学模型，确保影像数据和地理坐标系在空间上的关系更加吻合，从而提高测绘结果的准确性。影像畸变校正在几何校正中占据首要位置，主要用于校正镜头畸变。径向畸变及切向畸变通常通过相机内参模型进行修正。通过标定相机的内参和外参，可以获得透镜畸变系数，并利用这些系数实现影像的几何修正。畸变校正通常采用非线性最小二乘法进行，通过比较影像的特征点和标准几何形状，计算修正参数并应用于影像数据。这一过程要求相机标定的精度必须得到保证，否则校正后的图像仍可能存在误差。

接下来要进行的操作是利用地面控制点（GCP）。地面控制点是地面已知位置的点位，一般通过 GNSS 设备获取其准确坐标。在影像数据几何校正过程中，地面控制点起到将影像上的像素坐标和实际地理坐标对齐的作用。通过将这些控制点标注到影像中并与相应的地面坐标相匹配，可以进一步减少因飞行器姿态变化及图像畸变而产生的误差。常用的校正方法包括采用最小二乘法或广义逆矩阵法对图像进行配准，使图像像素坐标在地面坐标系下保持一致。通过对图像进行空间对齐，可以确保多幅图像在相同坐标系中精确重合。无人机采集的多幅重叠图像中，每张图像可能存在位置和姿态角度的差异，导致无法实现无缝衔接。空间对齐通过精确配准算法对多幅图像进行拼接，以确保它们在地理空间中精确对齐。常见的空间对齐方法主要包括基于特征点匹配、基于图像内容匹配以及基于频域分析的匹配方法。不同的方法适用于不同类型的影像和测绘任务。例如，在高分辨率影像拼接时，基于特征点匹配的算法通常能够提供更高的精度。

影像数据几何校正作为无人机测绘的关键步骤，通过去除传感器畸变、飞行平台运动及环境影响因素引起的几何失真，确保测绘数据的准确性和可靠性。在几何校正中，畸变校正、地面控制点配准以及空间对齐这三个必不可少的步骤协同工作，以保证影像数据和地理坐标系统的一致性。随着无人机技术的发展，影像校正算法不断优化，尤其是在高分辨率影像和大范围数据处理方面，几何校正技术将发挥越来越重要的作用。伴随着智能算法与自动化技术的进步，影像几何校正将变得更加高效与准确，从而为无人机测绘任务的完成提供了更可靠的数据支撑。

四、数据缺失与修补技术

无人机测绘过程中，数据采集对成果的准确性具有至关重要的作用。在实际操作中，由于飞行平台存在传感器失效、飞行器定位误差和外部环境干扰等多种制约因素，数据缺失通常是不可避免的。数据缺失不仅影响后续的数据分析与处理，还可能导致测绘结果失真。因此，如何对缺失数据进行有效检测并修复，以保证数据的完整性和准确性，已成为无人机测绘数据处理的重要课题。数据修补技术正是为了解决这一问题，通过数学模型、算法或人工智能的方法对缺失数据进行修复，或对错误数据进行替换，从而确保后续分析工作的高效性和精确度[1]。本节将详细论述无人机测绘过程中数据缺失的情况，分析一些常见的修补技术，并结合具体应用案例进行说明，以帮助读者了解这类技术在实际应用中的意义与价值。

（一）数据缺失产生的根源和影响

数据缺失在无人机测绘过程中是难以避免的，其来源多种多样。其中，传感器故障是造成数据缺失最常见的原因。在飞行过程中，由于硬件问题或外部干扰（如信号丢失、电池电量不足），传感器可能无法正常工作，导致某些数据无法成功采集。例如，在使用激光雷达进行地形测绘时，气候条件的变化（如大雨或浓雾）可能导致传感器的扫描中断，从而引发部分区域的点云数据缺失。在农业监测过程中，由于天气的不确定性以及传感器的暂时性故障，也可能导致农田部分地区的相关数据无法获得。

飞行器轨迹问题同样可能引发数据缺失。在无人机飞行过程中，风速变化、气流波动以及飞行路径规划不合理可能产生定位误差，使传感器无法准确瞄准目标区域。此外，飞行高度的变化也可能导致某些地区的影像数据丢失。在城市建模或灾后评估等需要大规模数据采集的任务中，尤其是距离飞行控制中心较远或信号有限的区域，数据缺失现象尤为显著。外部环境因素在数据采集过程中也不可忽视。在恶劣天气条件下（如雨天、雾霾、强风），传感器的数据质量会显著下降。例如，无人机光学传感器在低光照环境中可能无法提供足够清晰的图像，从而导致数据缺失。此外，强风天气可能引发飞行不稳定，影响测绘精度，进而导致数据丢失或产生偏差。

数据缺失所带来的影响不容低估。在无人机测绘任务中，尤其是对精度要求较高的测量任务，数据缺失会直接影响成果的准确性。在三维建模过程中，数据丢失可能导致模型局部信息不完整，从而降低最终结果的可用性。在环境监测中，数据缺失可能导致忽略部分区域或环境变化，从而错失关键数据。因此，如何有效识别并修复这些缺失数据，是确保无人机测绘任务顺利完成的关键所在。

（二）数据修复技术及其应用方法

数据修补技术以弥补缺失部分和还原数据完整性为核心目的，使后续分析和决策

---

[1] 薛玉芹. 无人机在测绘有色金属矿山中的应用研究[J]. 冶金与材料, 2025, 45(01): 140-142.

建立在精确数据之上。对于不同种类数据缺失的修补技术，又被划分为几种方式。常用的修补方法有插值法、图像修复法和基于学习的修复法。插值法作为一种最基本且应用最广的数据修补方法之一，特别被广泛应用于点云数据和图像数据的修补。插值法最基本的思想是利用已知数据点间的相互关系来估计缺失数据的位置及其值。以邻域为单位的插值法，通过对已知数据点附近邻域信息进行分析，可推算出缺失数据点所处的位置。常用插值方法包括线性插值、双线性插值和样条插值。当数据缺失较少、缺失区域较小时，这几种方法都十分有效。以城市建模为例，若某建筑物的点云数据丢失，插值法可利用周边已知点云数据对丢失点的坐标进行估算，弥补数据空缺并保证后续三维模型的完整性。

插值法在处理大面积数据缺失或复杂场景时的效果有限。在此背景下，以学习为基础的修补方法显示了更强大的优越性。最近几年，深度学习与机器学习技术被引入数据修补领域，尤其是在影像数据修补方面，已经取得了令人瞩目的成就。通过对深度神经网络进行训练，模型可以在海量已知数据上学习缺失数据的特征及规律，从而更准确地进行数据修复。卷积神经网络(CNN)在图像修复应用中表现出色，能够有效弥补因传感器故障或遮挡造成的图像缺失区域。针对点云数据，深度学习模型可以通过学习点云分布规律，自动反演缺失点的空间位置及属性，从而达到准确修复的目的。

图像修复方法是影像数据修复的一项重要技术，特别是在农业监控、灾后评估及其他应用场合，图像数据缺失现象更为普遍。在这些场景中，以内容为中心的修复方法可以根据图像上下文信息填充并还原图像中丢失的部分。常用的修复技术包括基于纹理合成和基于图像分块。这些方法可以在较复杂的情景下还原画面的连贯性与自然性。在实践中，数据修补技术的选择通常依赖于缺失数据的类型及缺失程度。在大范围农业监测工作中，由于传感器故障可能导致农田某些地区无法获得数据，基于插值法的修补方法可以更简便地对缺失区域进行修补。而在灾后评估时，由于大范围地区点云数据丢失，深度学习方法可以依据周边数据对丢失部分进行自动修补，从而保证测绘成果的完整性与准确性。

在无人机测绘过程中，数据缺失与修补技术发挥着重要作用，该技术的优劣直接关系到后续数据分析与成果的可靠性。由于在数据采集时难免会遇到传感器故障、飞行路径问题和环境因素等导致数据缺失的情况，因此如何有效地进行数据采集并准确修复缺失数据成为无人机测绘能否取得成功的关键所在。插值法是一种基础修补技术，它可以为简单场景下的修补提供更高效的解决方案；而深度学习与图像修复技术在应对大规模、复杂的数据缺失问题上显示出极大的潜力。在人工智能技术深入发展的背景下，数据修补方法将变得越来越智能化和自动化，从而为无人机测绘提供更有效的技术支撑。

第二节 无人机影像配准与拼接技术

一、影像配准的基本原理

影像配准是无人机遥感测绘过程中至关重要的环节。通过对多幅在不同时刻、不同视角或由不同传感器采集的图像数据进行配准，可以实现对同一坐标系的全面分析与处理。无论是开展土地利用分类、城市规划、环境监测，还是进行灾后评估工作，影像配准的准确性与可靠性都直接关系到数据分析的精确性以及后续决策的有效性。

在实际工作中，影像数据通常来自不同航次、不同传感器或在不同环境条件下获取，因此需要借助配准技术将这些图像融合为空间一致性的数据集[1]。本书以影像配准的基本原理为切入点，系统阐述配准技术的工作原理、常用算法及其应用案例。通过结合实际情境，旨在帮助读者深入理解无人机遥感测绘配准技术的核心作用与实践价值。

（一）影像配准基本概念和原理

影像配准的根本目的在于通过几何变换对不同来源或不同时期拍摄的图像进行配准，以确保其空间坐标的一致性。该流程通常由特征提取、特征匹配和几何变换3个关键步骤组成。在图像配准过程中，需要从待处理的图像中提取可辨识的特征点，这些特征点包括角点、图像边缘、纹理或其他具有显著意义的图像元素。接着，通过匹配技术将这些特征点与另一张图像中的相应位置进行比对，以揭示它们之间的空间关系。最后，利用几何变换技术，例如仿射变换或投影变换，将图像对齐至目标坐标系，确保两张图像能够在空间中精确地对齐。

影像配准中的一个核心难题是如何精确地进行特征点的提取与匹配。由于光照、视角和分辨率等因素的影响，不同拍摄条件下的影像可能存在较大差异，这给特征点的提取带来了较大挑战。在大范围农业监测中，不同季节的农田结构可能发生显著变化，导致同一地区在不同时期获取的图像存在明显差异。如何从这些变化中找到相同的特征点，成为影像配准亟须解决的重要课题。针对这一问题，当代影像配准技术推出了一些更加智能化的算法，例如基于深度学习的特征提取方法。这些方法能够自动识别影像中的相似特征，并显著提高配准的精度与效率。

---

[1] 褚会鹃,晁冲.无人机测绘技术在建筑工程测量中的应用探析[J].中国高新科技,2025,(02):78-80.

(二)常用影像配准算法和技术

在无人机的遥感测绘技术中,图像配准方法主要可以划分为两大类:基于特征的配准和基于像素的配准。基于特征的配准方法通过提取图像局部特征点进行配准,具有计算效率高、精度高的特点。常见的特征点提取方法包括SIFT(尺度不变特征变换)、SURF(加速稳健特征)和ORB(Oriented FAST and Rotated BRIEF)。这些方法能够有效提取影像中对旋转、尺度及光照变化具有较强鲁棒性的特征点,从而实现高效匹配。基于特征的配准方法的优点在于只需关注图像中的代表性局部特征,无须逐像素比对,因此在处理大范围图像时计算效率较高。在城市规划或土地利用变化监测领域,利用SIFT或SURF算法对图像中的建筑物角点进行提取,可以在不同时点获取的城市图像中找到同一建筑物的对应点,从而实现准确配准。该方法被广泛应用于大面积遥感数据处理,尤其适用于城市和农田地理区域的测绘。

基于特征配准方法同样有其局限性,特别是对于低对比度区域或者纹理较少的区域,特征点提取可能会失效。在此背景下,以像素为单位的配准方法便具有重要意义。基于像素点的配准方法是直接使用图像的像素点值来进行配准,常用算法包括互信息法以及归一化相关系数法。互信息法特别适用于不同传感器采集的多模态影像(如光学影像和红外影像)的配准,通过衡量两幅影像之间的相似性,找到最佳的配准结果。尽管以像素为单位的配准方法在精度上占优,但计算开销较大,尤其是在处理高分辨率影像及大范围数据时,计算量会激增。在实践中,往往将上述两种方法相结合,利用特征匹配对影像进行初步对齐,而后采用像素级精细配准方法对其进行优化。基于上述研究整理,相关内容见下表。

表3-2 常用无人机影像配准算法与技术

配准方法	原理与特点	适用场景与应用
基于特征的配准	提取图像中的局部特征点,计算效率高精度高	SIFT、SURF、ORB算法提取具有鲁棒性的特征点,广泛应用于城市规划、土地利用变化监测等
SIFT/SURF	强鲁棒性,适用于旋转、尺度及光照变化	用于提取建筑物角点,城市图像对比,实现高效配准
ORB	结合FAST和BRIEF,提高计算效率	提高特征点匹配速度,适用于大范围遥感数据处理
基于像素的配准	直接使用像素点值进行配准,精度较高	适用于低对比度区域和纹理较少区域,如多模态影像配准
互信息法	衡量图像间的相似性,适用于不同传感器影像	光学与红外影像配准,常用于多模态影像的对齐
归一化相关系数法	衡量图像的像素间相关性,进行精确配准	用于不同时间拍摄的影像配准,尤其适用于高精度需求场景
综合应用	特征配准与像素配准相结合,初步对齐后精细优化	在大范围遥感数据处理和高分辨率影像处理时,结合两种方法优化精度

影像配准是无人机遥感测绘中的一项核心技术，在保证数据精度和可用性方面发挥着重要作用。无论是在农业监测、城市建设还是灾后评估的应用场景中，影像配准技术都直接影响数据分析结果和后续决策质量。通过论述配准的基本原理及常用算法，可以发现，随着科技的不断进步，影像配准的精度和效率已显著提升。在处理大规模影像时，基于特征的配准方法展现出其优势，而基于像素的配准方法则更适用于对齐精度要求较高的工作。在深度学习与人工智能技术快速发展的背景下，影像配准算法将变得更加智能和高效，从而为无人机遥感测绘工作提供更为可靠的技术支撑，进一步促进无人机遥感数据在各行业中的深入应用与发展。

二、配准算法与应用

影像配准技术对于遥感数据处理至关重要，特别是在无人机遥感测绘中发挥关键作用。其核心工作是将不同时间、视角、传感器或拍摄角度下的图像进行对齐，以生成空间上一致的信息。该流程不仅对提高数据精度具有重大意义，而且对后续的分析、建模以及决策支持也至关重要。无论是开展地形测绘、土地利用变化监测，还是进行灾后评估工作，准确的影像配准都能确保多源影像数据有效融合，并在此基础上提供准确且可靠的成果[1]。本书将详细论述配准算法的工作原理及其在无人机遥感测绘中的应用，并通过具体案例进行分析，以帮助读者了解不同算法的特点及其适用场景。

（一）影像配准算法基本理论

影像配准算法旨在利用数学模型对不同角度、时间或者传感器拍摄的图像进行配准，使这些图像能够在相同坐标系下准确匹配。根据不同的算法，影像配准可以分为基于特征的配准和基于像素的配准。基于特征的配准方法通过提取影像中的显著特征点进行匹配，通常适用于结构化场景（如城市、建筑物）。该方法对图像进行角点、边缘或者局部纹理的提取，再利用特征匹配算法在不同图像上搜索同一特征点并进行对齐。SIFT（尺度不变特征变换）、SURF（加速稳健特征）和ORB（Oriented FAST and Rotated BRIEF）算法是基于特征的常见配准算法，它们能够应对尺度变化和旋转挑战，并且计算效率相对较高。

相应地，以像素为单位的配准方法采用直接比对影像各像素值的方式。常用的像素级配准算法包括互信息法和相关系数法。这些技术经常被应用于多模态数据的匹配，例如红外图像与可见光图像的匹配，或者将来自不同传感器的图像融合在一起。以像素为单位的配准方法比较适合细节较多而纹理较少的场景，并能提供精细的对齐效果。不过，其计算通常较为复杂，特别是在处理高分辨率影像时，对计算资源提出了更高要求。影像配准算法的选取通常取决于应用场景与数据类型。在大规模城市

---

[1] 周月坤. 金属矿山测绘工程测量中无人机遥感技术运用研究——以深水潭-红旗沟为例[J]. 世界有色金属, 2025, (02): 130-132.

测绘中，基于特征的配准方法可以高效处理多幅影像数据；而在对细节要求较高的医学影像或农业监测领域，采用基于像素的配准技术可以得到更为精确的输出结果。

（二）配准算法在无人机遥感测绘

无人机广泛应用于遥感测绘，为影像配准技术提供丰富的实践场景。在农业监测、环境变化评估以及城市规划中，无人机携带光学相机、红外传感器以及多光谱传感器，获取海量影像数据。受飞行时间、飞行路径和环境变化的影响，所获影像数据可能出现不同程度的错位或失真。如何有效实现影像配准，是无人机遥感测绘能否取得成功的关键所在。

在农业监测中，特别是对作物生长情况的长期监测，影像配准技术显得尤为重要。农田中的图像数据会随季节和天气情况发生变化。通过准确的影像配准，可以实现对不同时点获取的影像进行无缝拼接，从而获取农田在不同季节的变化趋势。在这一应用场景下，基于特征的配准方法具有显著优势。由于农田的纹理和结构相对简单，配准算法可以通过提取一些特定地物（如田埂、道路）的特征，快速完成配准。采用多光谱数据并结合影像配准技术，还可以探测作物的生长状态和土壤湿度，从而为农业管理提供准确的数据支持。

影像配准在城市规划和监测方面的应用同样至关重要。城市中的建筑物、道路、绿地和其他地物，在不同时期或不同传感器拍摄的图像上可能出现错位或失真。无人机携带高分辨率相机可以获取城市影像的详细信息，其准确配准对城市建模及基础设施检查具有重要意义。以城市三维建模为例，建筑物、道路及绿地的空间数据需要经过多次影像采集和配准，才能形成完整的城市三维模型。基于像素的配准方法可以准确匹配不同时点和不同传感器的数据，确保模型的精确性。

灾后评估是无人机遥感应用中的另一重要方面。自然灾害发生后，及时获取灾区准确的影像数据对灾情评估与救援工作具有重要意义。无人机携带高分辨率相机及红外传感器可快速、准确地获取灾区图像，并采用图像配准技术对这些图像进行拼接，从而生成灾区完整图。将其与灾前影像进行比对，可清晰观察到灾区建筑物坍塌、道路受损等破坏状况，有助于相关部门迅速作出决策。基于特征的配准方法能够在较短时间内有效完成多张影像的对准，特别适用于灾后影像数据质量较差时，以最大化配准精度。

影像配准算法作为无人机遥感测绘的核心技术，其精度与效率对测绘数据的可靠性与应用效果有直接影响。不同配准算法各有其特点及应用范围。以特征为基础的配准方法主要应用于城市建模、农业监测以及其他结构较为明显的场景；而基于像素的配准方法则更适合细节要求较高、数据变换较大的应用场合。在实际应用中，根据任务需求选择适当的配准算法，可以有效保证数据的准确性与一致性。随着科技的不断进步，影像配准算法正变得愈加智能化和自动化，这为无人机遥感测绘工作提供了更强有力的技术支撑。

三、拼接方法与技术难点

在无人机技术越来越成熟的今天，影像拼接技术已成为遥感数据处理过程中不可忽视的重要组成部分。在无人机测绘任务中，单次飞行往往只能覆盖有限范围，若要完成大规模区域的测绘，通常需要多次飞行或从多个角度采集数据。如何准确地拼接多张影像或点云数据并保证其地理空间的无缝连接，是数据处理中最关键的环节[1]。影像拼接技术的高效率和准确性直接决定了后续数据分析和应用的精度，这包括但不限于城市三维建模、土地利用监测和环境变化分析等多个领域。尽管拼接技术已取得显著进步，但在实践中仍存在技术难点，特别是在处理大范围数据集、复杂地形拼接和传感器差异带来的影响时。本论文将从拼接方法的基本原理、技术难点及实际应用案例等方面进行深入探讨，以帮助读者全面了解影像拼接技术的背景及实际操作中的挑战。

（一）影像拼接的基本方法和原则

影像拼接以将多张影像或传感器采集到的各种数据精确组合为一幅整体地理图像或三维模型为核心目的。拼接过程通常包括影像配准和融合无缝过渡两个步骤。影像配准是拼接的前提条件，其目的是确保不同图像在空间坐标下的精确对齐。基于特征点和基于像素的两种影像配准方法，通过对图像间重叠区域的搜索和匹配，消除视角差异和传感器畸变的影响。影像配准完成后，进入影像融合步骤。现阶段的影像融合以平滑过渡重叠区域像素、去除拼接痕迹、保证图像视觉连贯性为目标。常用的融合方法包括多带融合、拉普拉斯金字塔融合和加权平均融合。这些方法依据影像中的光照、色彩和纹理信息对重叠区域的像素进行权重调整，以确保最终影像过渡自然。

进行城市建模时，多航次采集到的城市影像通常需要进行拼接才能形成整体的三维模型。这些影像一般由不同传感器拍摄，会受到光照条件和成像角度等因素的影响。利用影像配准与融合算法可以实现这些影像在城市中的无缝拼接，从而为后续的建筑物分析和道路规划提供准确的数据。该过程要求拼接算法既兼顾精度，又解决影像中各区域的光照差异和色差问题，以保证最终输出结果的质量。影像拼接是否成功主要取决于配准及融合算法的准确性与稳定性。在简单应用场景中，拼接算法或许能够成功完成任务，但在处理大面积高分辨率影像数据时，拼接精度与效率成为一个技术难题。为改善拼接结果质量，近年来深度学习等先进技术在拼接算法上得到了广泛应用，并通过训练模型实现更加有效和智能的影像配准和融合。基于上述研究，整理相关内容见下表。

---

[1] 刘丰，康彦伟. 基于无人机遥感技术的水利工程地形测绘方法[J]. 内蒙古水利，2025，(01)：104-106.

表 3-3 影像拼接基本方法与原则

拼接步骤	主要方法与技术	目的与应用场景
影像配准	基于特征点与基于像素的配准方法	确保不同图像在空间坐标下准确对齐,消除视角差异与传感器畸变影响
基于特征点配准	SIFT、SURF 等算法	在重叠区域匹配特征点,解决旋转、尺度变化等问题
基于像素配准	互信息法、归一化相关系数法	精细匹配像素,适用于低对比度或纹理较少的区域
影像融合	多带融合、拉普拉斯金字塔融合、加权平均融合	平滑重叠区域,消除拼接痕迹,保证图像视觉连贯性与自然过渡
影像融合方法	根据光照、色彩、纹理信息调整权重	确保拼接区域色彩和纹理过渡自然
城市建模应用	多航次影像拼接与融合	形成完整的城市三维模型,提供建筑物分析与道路规划的数据
拼接精度与效率	影像配准与融合算法优化	处理大面积高分辨率影像时提高精度与效率,解决技术难题
深度学习应用	利用深度学习优化配准与融合算法	实现更有效、智能的影像配准与融合,提升拼接结果质量

(二)拼接时存在技术难点和挑战

尽管影像拼接技术近年来取得了显著进展,但在实际操作中仍面临一系列技术难点和挑战。

首先,大规模数据处理中的计算问题尤为突出。无人机采集的影像数据通常具有高分辨率,使得每幅图像的数据量非常庞大。当需要对数百张乃至上千张图像进行拼接任务时,巨大的数据量直接增加了拼接过程中的计算开销,并导致处理效率低下。尤其是在进行实时数据拼接与处理时,计算机的存储能力与计算能力往往成为制约因素。因此,如何在提高处理速度同时确保拼接精度,已成为影像拼接技术中的一个重要研究课题。

以城市三维建模为例,城市区域影像数据通常需要经过多次航拍才能获取。每一幅高分辨率影像的数据量可达数百兆字节甚至更大。在需要对多个航次数据进行拼接的情况下,数据处理会耗费大量计算资源与时间。如果拼接无法在合理期限内完成,将导致任务进度拖延,从而影响后续分析和应用。如何优化拼接算法并采用分布式计算和并行处理来提高拼接效率,是当前技术研究中的一个重要发展方向。在影像拼接过程中,地形差异也是一个技术难题。实际测绘任务中的拼接区域通常为地形复杂的区域,例如山脉、城市和河流。复杂地形常常导致影像拼接过程中出现错位和重叠不准确的情况。尤其是在山区或森林等复杂地形中,由于视角变化较大,影像间的对齐更加困难。常规配准算法可能无法提供足够的准确性,从而导致拼接结果不精确。针对这一难题，研究者提出了多尺度配准和基于深度学习的图像匹配方法。这些方法通过更加精细的特征提取以及更复杂的算法模型，提高了拼接精度。

在某些具体应用场景中，不同传感器对影像拼接质量也有重要影响。不同传感器在同一幅景物上的成像质量和色彩表现存在显著差异。例如，光学传感器和红外传感器采集的图像在光照和反射率方面有所不同，这会对图像拼接结果产生影响。研究者将多光谱数据处理与自适应加权算法引入影像融合阶段，以降低传感器差异对拼接结果的影响，并确保拼接图像的连贯性。

影像拼接是无人机遥感数据处理的关键技术之一，在城市建模、农业监测和灾后评估方面具有广泛的应用前景。通过准确的配准与融合，可以实现多张影像的无缝拼接，形成一幅完整的图像或三维模型，从而为后续数据分析与决策提供优质的基础数据。实际应用中，影像拼接还面临诸多技术挑战，特别是大范围的数据处理、复杂地形的拼接以及传感器差异的处理。伴随着算法的持续改进，尤其是深度学习技术的提出，拼接技术在精度与效率上将不断提升，从而促进无人机遥感测绘的深入发展。在计算能力与算法日益优化的情况下，影像拼接将变得越来越智能化与高效，并被广泛应用于更多领域。

四、大规模数据拼接的优化方案

在无人机遥感技术日益发展的今天，影像拼接已成为地理信息处理的重要步骤。尤其是当需要大规模、高分辨率数据应用时，例如城市规划、灾后评估和环境监测，如何对不同飞行任务的数据进行有效处理与拼接，以及如何处理不同传感器的数据，就成为数据处理中的关键问题。大范围数据拼接既要保证拼接数据在地理坐标系下的一致性，又要保证拼接过程的高效、准确和数据的可用性。随着数据量的增大，特别是在城市大比例尺测绘和农业监控场景下，拼接时的计算压力、数据传输问题和传感器间的差异均成为亟须解决的难点。为了应对上述挑战，大规模数据拼接优化技术与方法具有重要意义。本节基于技术难点探讨了几种大规模数据拼接优化方案，并根据实际应用情境对解决方案进行了剖析。

（一）计算资源优化和并行处理技术

大规模数据拼接所面临的重大挑战之一是对计算资源的巨大需求。无人机获取的影像数据一般分辨率较高，特别适用于执行城市级别的测绘任务，一张图像的尺寸可达数百兆字节乃至更大。而对于需要拼接成大面积地图或者三维模型场景的任务来说，数据量的累积会成为一项异常巨大的工作量。传统拼接方法在处理过程中一般耗时较长，且计算过程占用了大量计算资源，使得整个任务效率较低，影响了实时数据处理能力。如何有效利用计算资源和提高处理速度，是目前优化方案中最关键的环节。

一个行之有效的优化方案是引入并行处理技术。在进行大范围数据拼接时，任务可以分解为若干个子任务，这些子任务可通过多核处理器或分布式计算资源实现并行计算。在城市建模过程中，可以独立配准和拼接不同地区的图像，采用多线程或分布式系统以提高处理速度。通过分布式计算平台（如Hadoop、Spark）或云计算技术，将数据处理任务分配到多个服务器节点上并行执行，这种方法能够大大缩短拼接时间，提高系统的计算效率。随着GPU技术的不断发展，利用图形处理单元并行处理影像数据，可以在保证数据拼接精度的前提下显著提升拼接速度。GPU加速技术已在图像处理、特征提取和数据融合领域展现出巨大潜力，并将成为未来大规模数据拼接优化研究的重要发展方向。

举例来说，某市智能交通系统建设项目需要依托无人机开展大面积道路及建筑物的测绘工作。为了获取城市三维模型，研究小组需要拼接上百张高分辨率图像。这些图像是在多个航次中拍摄的，并且由于天气、视角和传感器差异的影响，拼接过程中面临诸多挑战。通过将并行计算任务分配到云计算平台，项目团队能够高效分配任务，缩短计算时间并提升拼接结果的处理效率。最终，成功完成全市三维模型的拼接工作，并将其应用于交通流量分析和基础设施规划等领域，节约了大量时间与资源。

（二）数据传输和存储优化

除计算资源优化外，大范围数据拼接的另一瓶颈是数据传输与存储。随着无人机摄影覆盖面积的不断扩大，分辨率的持续提升，每次获取的影像数据量也变得非常庞大。尤其是在飞行时间较长或执行高分辨率成像任务时，存储与传输的压力尤为显著。在跨区域农业监控任务中，数百个航次所收集的资料需要数TB的存储空间才能完成。因此，如何有效存储和传输这些海量数据，同时确保数据的完整性，已成为不可回避的课题。

为优化这一流程，可以首先采用高效的图像压缩技术，以最大限度减少数据尺寸。通过无损压缩技术，在降低数据存储需求与传输压力的同时，仍能保持影像数据的质量。在实际工作中，常用的压缩算法包括JPEG2000和LZW，它们能够在尽量不损失影像质量的情况下显著缩小数据体积，从而方便后续数据传输与存储。

对数据存储进行优化方案同样非常关键。在云计算技术不断发展的背景下，可将更多无人机数据的存储与处理任务迁移至云端平台。通过将数据上传到云端，既可以对大范围的数据进行集中管理与处理，又可以通过云存储的弹性扩展适应数据存储需求。云平台的高可用性与高可靠性还能够保障大规模数据的安全性与访问便利性。通过云计算平台，用户可以按需分配计算资源并实时处理拼接时的海量数据，从而极大提升数据存储与传输效率。在数据传输过程中，使用高效的数据传输协议及分布式存储架构可以有效解决数据传输的瓶颈问题。基于多路径数据传输协议的应用能够同时使用多个信道传输数据,从而避免单一信道传输的瓶颈问题。分布式文件系统(如HDFS)能够将数据分割存储在多个节点上,从而提高数据的访问速度和传输效率。

优化大范围数据拼接是无人机遥感测绘面临的重要技术难题。在数据量日益增长的情况下,如何有效实现影像配准、拼接和存储成为影响数据处理效率的关键因素。引入并行处理技术与云计算平台可以有效增强拼接时的计算效率并减少任务执行时间。同时,通过对数据存储与传输的优化,利用高效的压缩算法以及分布式存储技术来解决大规模数据处理过程中存储与传输的瓶颈问题。随着计算技术的不断进步和优化方案的进一步发展,大规模数据拼接将在无人机测绘任务中发挥更加重要的作用,推动遥感技术在更多行业中的广泛应用。

第三节 无人机测绘数据的质量评估与错误纠正

一、数据质量的评估标准

对数据质量进行评价是遥感技术的关键环节,特别是对于无人机测绘而言,精确的数据质量评价直接关系到后续分析与决策的效果。在无人机执行任务过程中,通常需要获取来自不同视角、传感器或时间点的海量数据,而这些数据都必须进行严格的质量评估,以保证其可信度与准确性。数据质量评价标准不仅包括数据在空间上的准确性,还涵盖其完整性、一致性和可靠性等多个维度。不论是在开展地形测绘、农业监测还是环境监测工作时,唯有确保数据质量,才能对后续决策提供精准支撑。如何科学评价无人机测绘数据质量并建立合理的评价标准,已成为遥感技术应用中不可忽视的环节。本书将对数据质量评估标准及其在实践中的重要意义进行深入探讨。

(一)数据质量在空间上具有精度和一致性

评价数据质量的首要准则之一是空间精度。空间精度与无人机测绘数据和实际地理位置的匹配程度密切相关。在处理遥感数据时,空间精度通常指影像或点云数据和真实地理坐标之间的误差。影响空间精度的因素有很多,主要包括传感器精度、无人机飞行控制系统的性能以及地面控制点的质量。如何精确计算空间误差并确保数据的高精度对齐,是在大范围测绘任务中保证数据质量的关键环节。

典型案例之一是在执行城市建模任务时,需要将多架无人机航次所拍摄的数据拼接为完整的三维模型。由于天气状况、飞行轨迹和传感器状态等多种因素,每次拍摄的图像可能会出现轻微偏移。在这种情况下,需要通过与地面控制点(Ground Control Point,简称 GCP)的精确比对来确保图像的空间准确性。空间精度评价标准通常包括地面控制点和测量点误差的计算,以及影像重叠区域像素偏差的计算。通过上述精度评估,可以确保拼接过程中不因空间误差而导致地理信息严重失真。

数据一致性也是数据质量评估的重要维度。不同时点、不同角度或不同传感器采集的信息可能因光照变化、气候条件和传感器特性而产生不一致。在这种背景下,必须进行一致性评估以保证数据的可靠性。在农业监测中,利用不同传感器采集的农田影像时,色调和纹理方面可能存在差异。如何通过数据处理手段使其统一于可比较的尺度,是保证数据一致性的关键所在。该一致性评估通常通过差异化分析比较不同数据集的差异性,发现图像不一致区域并进行调整。

(二)数据完整性和可靠性

资料的完整性和可靠性是评价资料质量优劣的重要标志。在无人机测绘过程中,数据完整性指所获取的数据在执行任务时是否存在遗漏或不完整的情况。无人机上的传感器可能因天气、设备故障或飞行路径偏离等原因,导致部分区域的数据未能顺利收集。在大范围地形测绘过程中,由于飞行器飞行路径、传感器视野和地面障碍物的影响,某些区域的点云数据可能出现缺失或不完整的情况。如果数据缺失未能被及时发现,后续的分析及模型构建将受到严重影响,进而导致结果失真。

为确保数据的完整性,在评价过程中通常需要对数据进行监控和校验。在灾后评估任务中,如果无人机获取的图像或点云数据存在明显缺失或数据空洞,则需采用插值法等数据修补技术,以填补缺失区域,从而保证数据的连续性和完整性。通过记录并校准数据采集时出现的各种异常情况,可以在后续分析中提供更为准确的参考依据。数据的可靠性和完整性密切相关,它们决定了数据是否能够在不同环境下进行多次测量或保持稳定性。在实践中,通常通过多次采集、对比分析和传感器校准来验证数据的可靠性。例如,利用多架无人机对同一区域进行重复测绘,可以通过比较不同数据集的成果来评估数据的可靠性。特别是对于环境监测和灾后评估等需要快速响应的工作,数据的可靠性直接影响决策的准确性。通过建立标准化的质量评估体系,可以有效甄别优质可靠的数据,从而确保在复杂环境中各项任务的顺利实施。基于上述研究,整理相关内容见下表。

表 3-4 无人机测绘中数据完整性与可靠性

数据属性	关键问题与挑战	应用实例与解决方法
数据完整性	数据遗漏、区域缺失或不完整,影响后续分析与模型构建	在大范围地形测绘中,飞行路径偏离或传感器视野受限导致数据缺失

表 3-4 无人机测绘中数据完整性与可靠性

数据属性	关键问题与挑战	应用实例与解决方法
数据缺失修复	采用插值法等数据修补技术填补缺失区域	灾后评估任务中,通过插值法弥补数据空洞,保证数据连续性
数据监控与校验	对数据采集过程进行实时监控,及时发现数据问题	校验采集数据,确保数据收集过程无遗漏,保证数据质量
数据可靠性	数据能否在多次测量中保持一致性和稳定性	多次采集与对比分析,通过多架无人机对相同区域重复测绘评估数据可靠性
可靠性检验	通过对比不同数据集成果进行评估	在环境监测、灾后评估等工作中,通过标准化质量评估体系检查数据可靠性
影响决策	数据的可靠性直接影响决策与响应的准确性	在紧急任务中,数据的可靠性决定了决策是否正确,如灾后评估与快速响应任务

数据质量评价标准对无人机遥感测绘任务具有重要影响。空间精度与一致性是数据质量的基本要求,它们确保了多源数据的高效融合与精准对接;此外,数据的完整性和可靠性则保证了经过较长时间或多次实测后数据的稳定性与有效性。随着无人机技术和遥感数据处理技术的不断发展,数据质量评估标准也日益提高。通过将先进算法与自动化技术相结合,数据质量评估正变得更加精细化和智能化,这为无人机遥感技术的广泛普及与深入应用奠定了坚实的基础。

二、误差源与误差分析

无人机遥感测绘过程中,精度与准确性始终是其应用与普及的关键要素。无人机获取的遥感数据受诸多因素影响,往往伴随一定的误差。这些误差源于飞行器自身硬件限制、传感器性能、环境因素和数据处理时的各种假设。误差产生的根源较为复杂且种类繁多,如何对这些误差源进行辨识和合理分析,是提升无人机测绘数据质量和保证测量精度的重点。对无人机测绘过程进行误差分析,不仅有助于更深入地了解数据局限性,还可以为后续的修正和优化提供理论依据及技术支持。从飞行控制系统精度到传感器数据采集,各个环节均可能引入不同程度的误差。深入分析这些误差源并采取适当的解决策略,已成为无人机测绘系统优化过程中必须进行的环节。本书将围绕误差源及误差分析相关问题进行深入探讨,并通过实际案例帮助读者了解如何有效应对上述挑战,促进无人机测绘精度及可靠性的提升。

(一)飞行器和导航系统误差来源

在无人机测绘过程中,飞行器与导航系统误差是最根本的误差源。作为动态飞行平台的无人机,在姿态控制、定位精度和飞行稳定性方面会对最终测绘数据产生影响。飞行控制系统(FCS)通常与GNSS系统合作,利用惯性测量单元(IMU)来确保飞行路线的精确性。受硬件限制、传感器漂移或环境干扰因素的影响,飞行控制系统中经常存在误差。一个普遍的实例是由于 GNSS 信号被打断或受到干扰而导致定位误差。在城市高楼密集区域，GNSS 信号会因为建筑物遮挡或干扰而丢失，造成无人机定位精度下降。在这种情况下，飞行器在真实位置和预定位置之间存在偏差，特别是在完成高精度测绘任务后，该误差将显著影响数据质量。在城市建筑测绘过程中，定位误差会导致建筑轮廓与位置不准确，从而影响后续的三维建模。

IMU 误差也是不可忽略的。IMU 通过测量加速度与角速度，推算出无人机的位移与转动。受传感器固有漂移及累积误差因素影响，IMU 数据在长期飞行后误差会逐渐累积，从而造成最终定位不准确。这种误差被称为"漂移误差"，在没有外部修正（例如 GNSS 数据或地面控制点）的情况下，无法自动纠正。飞行器的动态不稳定性，如风力影响和振动，也会造成测量数据不一致。尤其当飞行高度较低或飞行姿态不稳定时，飞行器的抖动与摇晃将直接影响传感器的稳定性，从而导致数据噪声与误差。为减小上述误差，许多无人机测绘系统已采用高精度飞行控制与姿态修正系统，并与惯性导航技术相结合，利用多传感器进行数据融合以提升定位精度。基于上述研究，整理相关内容见下表。

表 3-5 无人机测绘中飞行器与导航系统误差来源分析

误差来源	描述与成因	影响与应对措施
GNSS 信号误差	建筑遮挡、干扰造成信号丢失或不稳定	导致定位不准，影响城市测绘精度，可通过融合 IMU 与地面控制点修正
IMU 漂移误差	长时间飞行后 IMU 内部误差累积，造成位置推算偏移	会导致位移和姿态计算错误，需融合 GNSS 或外部定位系统进行修正
姿态不稳定性	风力、振动等外部扰动引起飞行器抖动或摇晃	影响图像清晰度与传感器测量一致性，使用高精度姿态控制系统降低影响
硬件精度限制	低精度传感器易产生漂移、延迟、非线性误差	采用高等级 IMU 与差分 GNSS 提高系统稳定性与精度
动态环境干扰	城市、山区等复杂环境中电磁干扰或空间限制影响导航系统	增加系统误差与噪声，需引入多传感器融合（如视觉导航+激光雷达）
误差累积与扩散	多因素共同作用下误差随飞行时间积累扩大	多源数据融合+实时误差补偿机制提升系统可靠性

（二）传感器误差和数据采集方面存在问题

除飞行器自身误差外，传感器误差是无人机测绘数据的重要误差来源。在无人机上，传感器的种类非常丰富，包括光学相机、激光雷达（LiDAR）以及红外传感器等多种设备。每种传感器都会产生特定的误差，从而影响数据质量和准确性。光学相机的误差通常与成像质量、镜头畸变和传感器分辨率有关。其中，镜头畸变是影响影像几何误差的主要原因。这种畸变在广角镜头中尤为明显，图像边缘部分受影响较大，从而导致实际拍摄画面和真实场景之间产生几何偏差。为降低镜头畸变带来的影响，需要采用标定技术来修正相机。传感器分辨率对光学数据的准确性也有显著影响。当分辨率较低时，图像细节会变得模糊不清，从而影响后续分析与应用。

激光雷达(LiDAR)传感器用于地形测绘时，受环境因素的影响较为显著。LiDAR的精度主要取决于传感器标定及飞行高度。如果传感器标定不准确或飞行高度过低，都会影响激光束的反射及测距精度，进而导致测量误差。在复杂地形(如树林、山地)或恶劣天气条件(如雨天、雾霾)下，LiDAR的表现可能不尽如人意。这些因素会导致点云数据的稀疏或错误，从而影响后续地形模型的构建。红外传感器及热成像相机的误差主要与其灵敏度及环境温度有关。红外传感器需要在相对稳定的环境条件下才能提供高质量数据，尤其在环境温度急剧变化时，传感器灵敏度可能会降低，从而影响图像质量及温度测量精度。

在进行数据采集时，存在数据缺失问题。在实际测绘任务中，由于飞行器姿态不稳或传感器失效等原因，导致某些区域的图像或点云数据丢失。数据缺失不仅影响测绘精度，还会导致后续分析结果不完整。如何发现数据缺失和采取有效补充措施，是无人机数据处理中的重要步骤。误差源及误差分析在无人机遥感测绘数据处理过程中占据着不可忽视的地位。认识和有效处理各类误差源，对于促进测绘数据的准确性和可靠性具有重要意义。从飞行器及导航系统误差、传感器误差到数据采集过程中存在的问题，各个环节都会对最终测量结果产生一定影响。为降低上述误差，现有技术在多传感器融合、传感器标定和飞行控制优化方面已得到持续改进。在科技日益发展的今天，特别是人工智能和机器学习技术的应用，使得误差源识别和校正变得越来越智能化和自动化，从而更准确地辅助无人机完成测绘任务。

三、精度评估与提升方法

无人机遥感测绘直接关系到最终测量结果的可靠性与实用性，因此数据的准确性至关重要。准确的数据不仅为后续分析和决策奠定坚实基础，也为实际应用的普及和开展提供保障。在无人机技术不断成熟的背景下，越来越多的行业依赖无人机获取高精度数据完成测绘任务。然而，无论是影像数据还是点云数据，都难以避免存在误差与偏离。如何对数据精度进行科学评估并采取有效手段加以提升，已成为无人机测绘亟须解决的技术难题。本书将深入探讨数据精度评估的标准、方法以及提升方式，并结合具体实例，帮助读者了解如何采取有效手段提高无人机测绘精度，保障测绘数据的可靠性。

（一）精度评估标准和方法

精度评估对无人机测绘成果的可靠性具有至关重要的意义，其核心目的是通过量化测绘数据和真实地理数据之间的差异来判断数据是否适用。无人机测绘过程中的精度评估通常涉及多个方面,主要包括空间精度、几何精度和定位精度。每一方面的精度评估标准均有其独特的评估方式,而合理的精度评估方法则是确保无人机数据可靠性的关键。

在评估数据质量时,空间精度通常被视为最基础的准则。这通常通过比较测量点和实际地面控制点(GCP)之间的偏差来完成。GCP是地理坐标已知的点位,测绘过程中可以利用这些控制点推算无人机采集数据时的空间误差。在城市建模或大比例尺地形测绘任务中,通过比对若干地面控制点,可以精确地对数据进行空间精度评价。评估空间精度的常见方法包括均方根误差(Root Mean Square Error, RMSE)和平均绝对误差(Mean Absolute Error, MAE)。这两种方法通过测量值与实际值偏差的比较,为精度评估提供了具体的量化准则。

在评估几何精度时,主要关注数据中几何特性的准确性,尤其是在三维建模和物体提取过程中,几何误差会直接影响模型的真实性。在实践中,几何精度评估通常通过比较三维模型不同部位的偏差来进行。例如,在建筑物建模时,如果测量误差较大,建筑物的形状与结构可能无法正确反映真实情况。这时需要进行几何校正与误差修正,以提高模型的准确性。无人机的定位精度通常与其飞行控制系统和导航精度密切相关。通过将无人机的GNSS数据和真实地理坐标进行匹配,可以获得飞行过程中的定位误差。在城市测绘或高精度农业监测任务中,由于GNSS信号干扰以及飞行器姿态变化等因素,可能会出现定位误差,从而影响数据精度。采用精确的导航系统以及外部控制点来修正飞行路径,是提高定位精度的有效方法。

(二)提高精度的方法和技巧

精度提高是无人机测绘的一项核心工作,特别是对于高精度需求的应用场景,如何提高数据精度更是技术进步的重要发展方向。提高精度的途径与技术可以在多个层次上完善,主要包括优化飞行路径、改善传感器性能、引入多传感器融合技术以及采用先进算法处理数据。

优化飞行路径与飞行高度是提高测绘精度的关键。在大规模测绘任务中,规划无人机飞行路径至关重要。合理的航迹设计能够在保证数据采集全面性和减少数据缺失的同时,避免因飞行高度不稳定而导致精度误差。在农业监控任务中,飞行高度的设置直接影响图像的地面采样距离(GSD)。因此,为获取高分辨率图像,需要保持相对较低的飞行高度。同时,在大面积区域的测绘中,应根据目标区域的具体情况制定合理的飞行路线,以确保数据获取的高效性和准确性。增强传感器性能是提高测绘精度的另一重要因素。传感器的分辨率、灵敏度和稳定性直接决定采集数据的质量。光学相机的分辨率越高,拍摄的图像越清晰,从而进一步提升测量精度。激光雷达(LiDAR)传感器在地形测绘中的测量精度至关重要,因为它直接影响点云数据的密度和准确性。通过采用高精度传感器、定期校准传感器以及根据任务需求选择合适的传感器，可以有效提升整体数据的精度。

多传感器融合技术是促进数据精度提高的重要手段之一。以无人机系统为例，通常将多种传感器组合应用，例如光学相机、LiDAR 和红外传感器。通过整合这些传感器的数据，可以弥补单一传感器的缺陷，从而提升数据的精度与稳定性。在灾后评估中，LiDAR 能够提供精度更高的地形数据，而光学相机则可以获取建筑物的详细信息。将两者的数据结合后，可以实现更精确、更综合的灾后评估。采用高级数据处理算法优化数据精度，也是提高精度的重要途径之一。近年来，深度学习与机器学习技术在遥感数据处理领域展现出巨大的潜力。利用人工智能技术，可以更加精确地识别影像中的各种特征，减少人为误差和提高数据分析效率。深度卷积神经网络（CNN）在图像识别领域的应用，可以更精确地从图像中提取建筑物的外形、道路的边缘等关键信息，从而增强数据的几何准确性。

在无人机遥感测绘技术的发展过程中，精度评估和提升是至关重要的环节。从空间精度、几何精度到定位精度，各环节的精度评估都与最终测量结果的准确性密切相关。通过优化飞行路径、增强传感器性能、引入多传感器融合技术以及使用先进的数据处理算法，可以有效提升数据的准确性与可靠性。随着科技的不断进步和精度提升方法的持续创新，无人机遥感测绘技术将在各行业中发挥更加关键的作用，进一步推动数据采集和分析工作的智能化和精确化。

四、数据校正与优化技术

无人机遥感测绘中数据校正及优化技术是保证测量结果准确可靠的关键环节。无人机获取的遥感数据，特别是影像与点云数据，通常受到飞行高度、传感器性能、环境条件以及飞行路径等诸多因素的影响，从而导致数据存在偏差、噪声或失真。这些问题如果得不到修正，不仅会影响后续数据处理结果，还可能对应用结果造成误导。因此，数据校正及优化成为提高测绘精度、保证数据一致性及可靠性的核心技术。伴随着无人机技术的发展，数据校正及优化方法及技术也在不断演进。在先进校正算法、多传感器数据融合和深度学习技术的辅助下，测绘人员能够对数据中存在的偏差进行有效校正，使数据质量达到最优，并提供更准确的地理信息。本节将详细论述数据校正及优化技术的基本原理、常用方法以及在实际工作中的具体应用。同时通过案例分析的形式，帮助读者深入了解如何利用这些技术解决实际测绘过程中遇到的疑难问题，增强资料的可信度及准确性。

（一）数据校正技术的原理和方法

数据校正的主要内容是剔除数据中存在的系统误差、随机误差和传感器误差，以保证数据和真实世界一致。校正的目的在于实现测量空间到实际地理坐标系的数据转换,从而为后续的分析和建模提供精确的数据支撑。数据校正的主要目标是确定并消除影响数据准确性的误差,常用的校正技术包括几何校正、辐射校正以及大气校正。几何校正作为一种最基本且最重要的校正手段,通过使图像的像素坐标对准地理坐标系来消除因飞行器姿态变化、镜头畸变或传感器偏差等因素引起的空间误差。在进行城市模型构建或大范围地形测量时,通常通过地面控制点(GCP)来完成几何校正。通过和已知地面控制点的比对,校正影像的空间位置,以保证测量数据的空间精度。

辐射校正主要集中在影像的光谱数据上,其目标是减少因光线变化和传感器差异等原因导致的辐射偏差。在农业监测或环境变化分析中,辐射校正对于确保影像数据的可比性具有特别重要的意义。农田中的遥感影像受季节性光照差异和天气变化影响较大,这会降低数据的精度。通过辐射校正,可以对不同情况下采集的图像进行标准化处理,减少光照变化对图像的干扰,增强数据的一致性与可靠性。大气校正的目的是纠正遥感图像中因大气因素导致的误差。高空气候条件或不同天气条件下,遥感影像常因大气散射与吸收的影响而导致影像质量下降。利用辐射传输模型的大气校正方法,可以对大气效应进行估计和校正,从而改善影像质量。尤其是在灾后评估和环境监测任务中,大气对图像的影响更加显著,因此开展有效的大气校正具有重要意义。

(二)将数据优化技术和多传感器集成结合

数据优化技术的核心在于利用先进的计算方法和技术手段,进一步提升数据的准确性和实用性。以无人机测绘为例,优化不仅限于对数据进行误差校正,还涉及提升数据质量、降低噪声以及提高处理效率等多个方面。多传感器融合技术作为数据优化的重要发展方向,通过整合不同传感器的优势来弥补单一传感器的不足,从而进一步提高数据的准确性与可靠性。该技术已被广泛应用于无人机测绘领域,尤其在应对复杂地形及大范围测绘任务时,能够提供高精度、高效率的解决方案。在城市三维建模过程中,激光雷达(LiDAR)与光学相机常被联合使用。LiDAR传感器能够生成精确的三维点云数据,而光学相机则提供高分辨率的影像数据。通过对两者数据的整合,可以生成更加细致、精确的三维城市模型。本研究利用激光雷达的高精度数据补偿光学相机在深度信息采集方面的不足,同时利用光学影像为点云数据提供更丰富的纹理信息,从而改善三维建模的精度及视觉效果。

在农业监测与环境保护方面,综合运用各种传感器对数据进行采集与整合,可以有效提升测绘数据质量。在农业遥感领域,综合运用高光谱成像、LiDAR和热红外传感器技术,可分别获取作物光谱特征、地形信息及温度分布信息。通过整合这些多源数据,可以对作物健康状况、土壤湿度等农业相关参数进行综合评价,为决策提供更精准的支持。伴随着人工智能与机器学习的发展，以深度学习为核心的优化技术已广泛应用于数据处理领域。卷积神经网络（CNN）与生成对抗网络（GAN）可用于图像修复、数据增强以及噪声消除等多种任务，从而进一步提升数据的整体质量。尤其在图像数据处理方面，深度学习方法可以通过自动学习特征与模式，识别并修复数据中的误差或缺失部分，从而提供更精细的优化方案。

数据校正和优化技术作为无人机遥感测绘不可或缺的一部分，直接决定测量结果的准确性与可靠性。采用几何校正、辐射校正及大气校正，可以有效消除数据中存在的错误与偏差，确保测量数据的精度。数据优化技术通过多传感器融合和深度学习进一步提高数据的精度与可用性。伴随着科技的进步，数据校正和优化方法不断演进，无人机遥感测绘系统未来将更加智能化和高效化，为各行业的决策与应用提供更准确、可靠的地理数据支持。

第四节 无人机测绘数据的可视化策略与工具

一、数据可视化的基本概念

数据可视化作为当前信息时代的一项关键技术，特别是对于遥感领域以及无人机测绘领域来说，对其进行可视化既有助于直观了解复杂数据集，又揭示其中存在的规律和发展趋势。在无人机遥感测绘过程中，大量影像及点云数据若仅依靠数值分析，往往难以直接感知其空间分布、地理特征及潜在关联。数据可视化在其中起着桥梁作用，通过图形、图像以及交互展示的方式，将抽象数据转化为便于理解与分析的形式，从而帮助决策者迅速作出判断。伴随着科技的进步，无人机遥感测绘所获取数据的规模越来越大，精度也在逐渐提高，使得人们对数据可视化的需求更加迫切。在当前环境下，无人机测绘数据的可视化技术不仅在地理信息系统（GIS）中得到了广泛应用，还在环境监测、农业规划和城市建设等多个领域展现了其巨大的价值。本书将对数据可视化的基本概念以及其在无人机遥感中的应用进行论述，并分析如何利用图形化手段增强数据的可读性和决策效率。结合实际案例，旨在帮助读者更深入地掌握数据可视化的技术细节及其在行业中的应用。

（一）数据可视化的基本界定与发展

数据可视化技术是利用图形、图像或其他视觉元素，将数据转化为直观且易于理解的形式，从而帮助用户迅速识别数据中的模式、趋势和异常情况。在信息技术飞速发展的今天，数据的数量越来越庞大，复杂程度也日益提高，传统的表格及数字化方式已无法满足快速、直观提取信息的需求。数据可视化应运而生，不仅可以让繁杂的数据更容易被理解，还可以帮助用户在海量信息中挖掘出有价值的见解。

数据可视化形式多样，包括二维图形、三维图形、地图热力图以及动态图表。二维图形通常用于显示趋势、对比及分布的信息，例如柱状图、折线图及饼图；而三维可视化在地理空间数据展示中得到了更广泛的应用，例如通过三维地形模型和三维点云数据，辅助用户直观理解空间分布及地物的具体形状信息。无人机遥感测绘数据可视化的核心功能是通过航拍影像、激光雷达点云以及遥感数据，从时空维度展现信息，便于使用者分析土地利用、环境变化和城市发展的动态过程。

数据可视化的历史最早可以追溯到18世纪统计图表的出现。然而，伴随着计算机技术、人工智能以及大数据技术的进步，数据可视化在形式与方法上经历了几次革命。如今，数据可视化不仅是单纯的图形展示，更是决策支持系统中至关重要的组成部分。尤其是在无人机遥感领域，高分辨率影像与激光雷达数据的大范围获取使得数据可视化的重要性进一步凸显。借助虚拟现实（VR）与增强现实（AR）等前沿技术的融合，数据可视化在未来的应用中展现出更广阔和多样化的前景。

（二）数据可视化在无人机测绘

中的应用就无人机测绘而言，其数据可视化应用主要表现为对无人机获取的海量图像、激光雷达数据和温湿度传感器数据进行处理，使其转化为清晰、易于理解的图形或三维模型。这些可视化形式不仅能够促进数据的理解，还能帮助分析人员在实践中发现问题与机会。

在城市规划中，无人机携带高分辨率相机或激光雷达传感器获取建筑物、道路和绿地的详细信息。利用三维建模技术直观地展示这些信息，可以使规划人员对城市空间结构有一个整体认识，并评估不同建设方案对城市环境产生的影响。规划人员通过建立三维城市模型，能够对不同地区的建筑密度、绿地分布和交通流量进行直观分析，从而制定出更加科学的规划决策。随着虚拟现实技术的不断进步，三维模型现在不仅可以在计算机屏幕上展示，还能通过VR设备让用户"身临其境"，进一步提高决策的准确性和操作性。

农业监测中，无人机利用多光谱传感器采集农田健康状况数据，并通过数据可视化技术展示这些信息。农田中的作物健康状况、土壤湿度和病虫害分布情况可以通过热力图和彩色图像直观呈现。农场主与农业专家能够从这些影像中清晰了解哪些区域需要施肥、灌溉或采取病虫害防治措施，从而显著提高农业管理的效率与精准度。

在灾后评估中，无人机测绘获取的高分辨率影像能够帮助评估灾区的损毁情况。这些影像数据可以转换为带有热力图的三维模型，使评估人员迅速识别重灾区，并及时开展救援与修复工作。无人机实时数据可视化不仅加快了灾情评估速度,还优化了资源配置与应急响应效率。

数据可视化在环境监测、森林火灾监控、水资源管理等诸多领域得到广泛应用。通过遥感数据的实时处理与可视化展示,有关部门能够快速掌握环境变化趋势,发现潜在风险并采取相应措施。这种高效的数据传递方式大大增强了决策过程中的时效性与准确性。数据可视化是无人机遥感测绘的一项重要技术手段,已成为提升数据理解与分析能力的必要工具。从二维图表向三维建模转变,从静态影像向实时动态展示转变,数据可视化为无人机测绘领域带来更加高效和直观的信息呈现。用户通过高效的可视化展示可以迅速了解复杂的数据结构,发现潜在趋势和问题,从而制定更科学的决策。随着科技的持续发展,数据可视化在无人机遥感测绘领域将扮演更加关键的角色,推动更多领域的创新应用。在与虚拟现实和增强现实等新兴技术相结合的过程中,数据可视化的应用场景将进一步扩展,从而为各行业提供更加有力的决策支持。

二、三维建模与展示技术

三维建模和展示技术已成为当前测绘领域的重要手段,尤其是在无人机遥感测绘领域。三维建模技术不仅能够提供详尽的地理空间信息,还能为城市规划、灾后评估、环境监测等多个产业提供准确的数据支持。无人机测绘所获取的数据,例如高分辨率影像、点云和激光雷达数据,经过三维建模处理后能够转化为直观且可交互的空间模型。这些模型有助于用户更深入地理解地理信息的空间分布与变化,为科学决策提供强有力的支持。

尽管三维建模技术在建筑设计和大规模工程项目中得到了广泛应用,但随着无人机技术的快速推广,三维建模在多个行业中也得以广泛应用,特别是在测绘和地理信息系统(GIS)领域。三维建模不仅提高了数据处理及呈现效率,还使地理信息的表达方式从传统的二维图像转变为空间感更强的三维视图,从而使数据分析及决策变得更加直观和有效。本书将论述三维建模及展示技术的基本原理,并分析其在无人机测绘中的应用,同时通过具体实例阐述技术细节及其实际成效。

(一)三维建模的基本理论和技术方法

三维建模的根本目的在于通过算法和工具将二维数据转化为具有空间感的三维表示,以提供更准确的地理空间信息。无人机测绘中的三维建模通常依赖两种主要的数据来源:影像数据和点云数据。影像数据由光学相机或多光谱传感器采集,提供地面物体的二维影像信息;点云数据则主要来源于激光雷达(LiDAR),这些数据可以提供每个点在空间中的精确坐标,从而帮助构建三维物体的点集。

三维建模需要经过数据配准和几何校正,以确保在空间坐标系下不同源数据的一致性。根据影像与点云数据的特点，分别采用不同的建模算法进行处理。常见的三维建模方法主要有两种：一种是基于点云的建模，另一种是基于纹理映射的建模。基于点云的建模方法首先利用激光雷达获取地面上的高精度点云数据。这类数据通常由上百万个离散点组成，其中包含地物的高度信息和空间坐标信息。这些点通过三维网格生成算法连接成表面模型，最终生成一个精确的三维地形或建筑模型。

基于纹理映射的建模方法则结合光学影像和激光雷达点云数据。光学影像提供表面细节，而点云数据提供物体的三维轮廓。通过将影像数据作为纹理覆盖在点云模型表面，最终生成的三维模型不仅能够展示对象的空间结构，还能表现其外观特征。纹理映射使三维建模突破了仅展示几何形态的局限，通过色彩和纹理表现出更加丰富的细节信息。其中一个经典应用实例是城市规划中的三维建模。测量人员通过无人机获取城市的高分辨率影像和激光雷达数据，并将这些数据应用于城市建设中，形成三维模型。这些三维模型不仅表现了建筑物的外观，还展示了各建筑物之间的空间关系、道路网络和绿地分布情况，为规划人员提供综合直观的空间数据支撑。

（二）三维展示技术

三维展示技术的运用与开发实际上是三维建模的进一步发展。它不仅涉及如何创建三维模型，还包括如何向用户展示这些模型，以便用户更直观地理解空间信息。在无人机测绘领域，三维展示技术的不断发展极大提升了数据分析与决策的效率。通过三维可视化，用户不仅可以查看静态地理数据，还能够进行交互式操作，从而动态观察与分析空间数据的变化。

三维展示技术被广泛应用于城市建设和环境监测领域。在城市建设方面，利用无人机获取的三维城市模型不仅有助于规划人员理解建筑物的空间布局，还可以模拟不同规划方案的执行效果。通过在三维城市模型中置入新建设方案，规划人员能够提前发现方案执行过程中可能存在的问题，例如建筑阴影、光污染和交通流量的变化。在环境监测方面，三维展示技术可以直观地呈现森林、河流等自然资源的空间变化情况，从而为环境保护工作提供决策支持。伴随着科技的进步，三维展示技术得到了快速发展。基于 Web 平台的三维展示系统与云计算技术相结合，使三维数据展示更加灵活便捷。用户可以通过互联网实时获取与浏览三维地图，无论是在桌面端还是移动端，都能够实现数据的高效可视化。结合 5G 网络与高性能计算技术，三维展示技术将变得更加实时化和交互化，为更多行业带来创新性解决方案。

三维建模及展示技术已成为无人机遥感测绘的核心手段。通过将二维数据转换为三维模型，该技术极大地丰富了地理信息的表达方式，使空间数据显示更加直观易懂。在城市规划、环境监测以及灾后评估中，三维建模与展示技术的应用为决策提供了更全面、更准确的支持。随着科技的持续发展，尤其是在虚拟现实、增强现实和云计算技术的推动下,三维建模与展示技术的应用潜力愈发广泛。在无人机测绘技术和三维展示技术不断优化发展的背景下,三维可视化必将在更多领域的创新应用中提供强有力的支持,推动产业智能化和高效化。

三、可视化工具与平台

随着无人机遥感技术的快速发展及应用需求的日益提高,对数据进行可视化处理不仅是数据处理的关键环节,而且在多个领域中扮演着越来越重要的角色。对于无人机测绘数据而言,如何将海量数据集、复杂的三维地理信息或点云数据转化为直观易懂的视觉内容,是数据可视化技术中的一项核心任务。高效的可视化工具及平台不仅能够促进数据分析的高效进行,还可以显著提升用户决策支持系统的性能,从而在环境监测、城市规划以及灾后评估等方面提供更加准确、及时的数据支持。

随着无人机技术生成的测绘数据规模不断扩大,如何选取适当的可视化工具和平台,使数据展示更加高效和直观,已成为当前亟须解决的重要课题。在市场中,各式各样的可视化工具和平台层出不穷,每一种工具和平台都有其独特的属性和优势,能够满足不同的数据处理和展示需求。基于这一背景,本书将对无人机测绘数据可视化的常用工具和平台进行论述,并分析其应用场景、优势和劣势,以及如何根据不同需求做出选择。通过具体案例的分析,有助于读者更深入地了解这些工具和平台的实际使用情况及其所产生的影响。

(一)常用可视化工具和平台

在无人机测绘领域中,随着技术的不断成熟,一批强大的可视化工具与平台应运而生。这些工具与平台能够帮助用户将测绘数据从原始状态转换为具有较高实用价值的可视化成果。地理信息系统(GIS)软件、三维建模平台和专门的点云处理工具是最常用的可视化工具。每种工具与平台均具有适应不同应用需求的独特优点。

地理信息系统(GIS)软件是目前应用最为广泛的一种数据可视化工具。常见的GIS平台,如ArcGIS和QGIS,提供了丰富的数据分析和展示功能,能够处理来自无人机的高分辨率影像和点云数据。这些平台通过叠加不同的数据图层(如影像图层、地形图层、建筑物模型等),帮助用户在地图上直观地查看各种地理要素的分布情况。在城市规划和土地利用管理中,GIS平台能够对空间数据进行快速查询、分析和可视化,使决策者准确掌握城市发展和环境保护的情况。ArcGIS所提供的3D Analyst工具能够将无人机采集的高分辨率影像数据转换为三维地形模型,有助于城市规划人员分析建筑物和道路的空间关系,并为绿地与其他元素之间的规划方案制定提供可视化支持。

针对点云数据的专门可视化工具包括CloudCompare和LIDAR360,这些工具也被广泛应用于无人机测绘领域。这些工具的主要功能是处理和展示激光雷达（LiDAR）收集的点云数据，并将复杂的三维点云信息转换为易于理解的可视化效果。CloudCompare支持点云的精细分析、配准和建模，并通过色彩映射和剖面展示直观地呈现地物的空间结构。这些特点尤其适合环境监测和灾后评估，能够帮助用户迅速发现复杂地形或灾区环境中的问题，并制定相应的对策。

（二）先进的可视化平台和深度定制功能

伴随着虚拟现实（VR）、增强现实（AR）以及大数据技术的不断进步，更多先进的可视化平台和深度定制工具应运而生，从而进一步增强无人机在测绘数据可视化方面的能力。这些平台既可以显示三维地形与建筑模型，又可以提供更沉浸式与交互式的可视化体验，特别是在城市规划与灾后评估方面具有显著优势。游戏引擎Unity和Unreal Engine在无人机测绘三维可视化领域得到了广泛应用。用户可以通过上述平台建立高逼真的三维城市或地形模型，以实现沉浸式虚拟现实体验。在城市规划中，规划人员可以通过VR头盔访问虚拟城市模型，实时观察建筑物的高度、布局和交通流变化情况，并预先模拟不同规划方案的执行结果。这种身临其境的体验能够帮助决策者更充分认识到各种方案的利弊，从而作出更准确的决策。

对于点云数据，采用专门的三维建模和可视化工具，例如Autodesk ReCap和Bentley ContextCapture。这些工具能够对复杂的点云数据进行深入处理，从而生成高品质的三维模型。这类平台通常提供自动点云配准、噪声去除和三维重建等强大的数据优化功能。用户可以利用这些功能将无人机采集的大比例尺测绘数据转换为高精度的三维建筑模型，从而进一步支持城市建设和基础设施管理。Autodesk ReCap能够融合处理来自不同传感器的数据（例如激光雷达和摄影测量），生成高度一致且精细的三维模型。在这些平台中，用户还可以实现定制化操作，例如调整展示细节层次和区域重点标注。这些深度定制功能不仅提高了数据展示的精确度，还增强了操作的灵活性。尤其是在灾后评估或复杂地理环境分析中，用户可以根据特定需求定制显示内容，从而显著提升可视化效果的实用性。

数据可视化工具及平台对无人机测绘起着关键作用。这些工具及平台通过将烦琐的测绘数据转化为直观易懂的图形或三维模型，帮助使用者更深入地理解及分析数据。常用的GIS平台、点云可视化工具以及高级可视化平台各有其特点及适用场景，可根据不同的应用需求进行选择。在城市规划、环境监测和灾后评估中，无人机测绘数据的可视化不仅提供了准确的空间数据支撑，还为决策者带来了更直观的视角，从而优化决策过程。在科技不断进步的背景下，数据可视化工具的功能将进一步拓展，特别是VR/AR技术与人工智能的融合，将为无人机测绘带来更加灵活、即时和交互式的可视化体验。数据可视化将持续推动无人机技术在众多产业中的深入应用，从而为社会提供更加高效和智能化的空间数据解决方案。

四、可视化结果的分析与解读

无人机遥感测绘过程中，数据可视化结果既提供直观的图形展示，又包含丰富的地理信息及潜在的分析价值。可视化结果能够将复杂的数字数据转化为易于理解的图像或三维模型，有助于用户深入了解空间特征与规律。数据可视化仅仅是一个开始，如何解读这些结果并提取其中有意义的信息，才是实现数据价值的关键所在。通过对可视化结果的深入剖析，决策者可以确定关键趋势及变化情况，从而在城市规划、环境保护以及灾后评估等方面提供强有力的决策依据。在实践中，对可视化结果进行分析和判读不仅取决于数据自身的精度，还需要结合行业背景及具体要求。数据在不同领域中的诠释方式各不相同，而且在数据处理与呈现的过程中往往涉及多个环节。本书将探讨对可视化结果进行分析解读的方法，针对不同领域和应用场景的分析策略，并结合实际案例，帮助读者了解如何通过可视化数据获取宝贵的洞见。

（一）可视化结果分析框架和技术手段

在无人机遥感数据可视化结果分析中，必须首先构建明确的分析框架。该框架不仅要考虑数据的空间分布，还需从时间维度、变化趋势和多源数据融合的角度进行全面分析。对可视化结果的分析需要明确图形或模型的图案及趋势。例如，三维城市模型与热力图在城市规划或土地利用监测中，可用于展示建筑密度、绿地分布、交通流量及其他因素的空间分布。分析人员可以利用这些可视化结果快速识别城市内资源分布不均和交通瓶颈问题，从而为后续决策奠定基础。

在具体的分析过程中，经常使用的技术手段主要包括空间分析、热力图分析以及时间序列分析。空间分析通过对空间数据分布特征的研究，帮助使用者了解不同地理要素之间的空间关系。在农业监测中，热力图能够帮助农场主确定土壤湿度的不均匀分布，从而针对性地进行灌溉。通过解读热力图，使用者可以清晰识别哪些地区出现过度干旱或过度湿润的情况，从而为农业管理提供数据支持。

时间序列的分析方法特别适合不断变化的监测环境，例如环境污染的监测或城市扩张情况。时间序列数据可以揭示这些应用场景下地理特征随时间变化的趋势。通过对城市三维模型在不同时点上的对比分析，可以清晰地观察新建建筑物和扩建道路的变化历程，这有助于城市管理者评估各种建设项目对城市空间结构产生的影响。在多源数据融合的背景下，分析人员可以将来自不同传感器的数据（如光学影像、激光雷达数据、红外数据）进行综合分析，从而提供更加全面的地理信息。这种综合分析有助于在复杂地理环境下获得更准确的结果。在灾后评估中，激光雷达数据可提供高精度的地形数据，光学影像则能够显示灾区建筑物及道路的具体情况。综合这些信息后，决策者可以得到更全面的灾后评估，从而迅速制定救援与恢复计划。

（二）在不同的专业领域中，可视化结果的解读和应用不可或缺

不同应用领域对可视化结果的诠释既依赖技术分析，又需要结合特定行业需求及问题背景。不论是在城市规划、环境监测还是灾后评估领域，对可视化结果进行分析解读时，必须结合实际场景对数据进行处理，才能得出真正具有价值的观点。以城市规划为例，城市三维模型可以表现建筑物、道路和绿地等要素的空间分布。规划人员通过分析这些可视化结果，能够预测新建建筑物对交通流量、阳光照射和空气质量的影响程度。例如，当一个新住宅区被规划出来后，分析人员可以利用三维模型预测该地区的交通负荷，并评估交通设施是否能够满足未来人口增长的需求。

在环境监测领域，特别是森林火灾监控和污染监测方面，可视化结果可以帮助监测人员掌握灾区或污染源扩散的实时信息。以森林火灾为例，通过对遥感影像进行可视化分析，监测人员可以迅速获取火灾区域范围、蔓延趋势和火灾严重程度。这些分析结果能够为消防部门及时提供数据支持，并优化应急响应计划。在大气污染监控方面，借助可视化技术，可以将空气污染分布及变化趋势直观地呈现在热力图或等值线图上，从而帮助环境保护部门确定污染源及高污染区域，以制定更精确的治理措施。

在灾难后的评估过程中，三维建模和可视化技术可以协助灾区更准确地评估损失，并迅速确定灾后恢复的重点区域。通过对不同时间点的三维模型进行分析，决策者可以理解灾前与灾后在空间上的差异，从而快速评估灾害所带来的影响。震后建筑物倒塌情况、道路破损程度等信息均可通过三维模型直观显示，为救援与重建工作提供准确指导。

对可视化结果进行分析和解读，对于无人机遥感测绘具有不可替代的重要意义。通过构建明确的分析框架，综合运用多种技术手段，可以帮助用户在纷繁复杂的资料中高效提取宝贵信息，从而进行科学决策。无论是在城市规划、环境监测还是灾后评估领域，对数据进行可视化解读均有助于行业决策者更直观、更全面地认识地理空间信息，从而为决策过程提供可靠的数据支撑。在科技不断进步的今天，数据可视化及解读技术也在不断发展，而无人机遥感测绘与可视化技术的结合将为更多领域的应用带来创新性的解决思路，推动产业向更加高效、智能化的方向迈进。

第五节 大数据与人工智能在测绘数据处理中的应用

一、大数据处理技术与平台

在数字化、信息化飞速发展的今天，大数据已成为科技进步、产业升级和社会发展的重要动力。特别是在无人机遥感测绘领域，伴随着科技的发展以及应用场景的扩展，数据量呈现爆发式增长。如何有效处理这些海量且复杂的数据已成为当前亟须解决的技术难题。无人机在执行任务过程中，通常需要获取海量高分辨率影像、点云及传感器数据。这些数据不仅量大，而且具有多维度、多源性和实时性的特点，因此必须依靠先进的大数据处理技术和平台才能实现对数据的分析、存储和管理。

大数据处理技术研究的核心目标是通过对海量数据进行有效处理和分析，提取有价值的信息，从而为决策提供支持。在无人机遥感测绘领域，该技术广泛应用于数据的实时传输、存储、加工和可视化。本书将深入探讨大数据处理技术的基本原理、应用及其平台，并通过具体案例分析帮助读者了解这些技术如何在无人机测绘工作中发挥作用，从而进一步提升测绘数据分析的效率和准确性。

（一）大数据处理技术的核心原理和方法

大数据处理技术所面临的主要挑战是如何对来自各种传感器及数据源的信息进行高效处理与分析。这类数据通常具有数据量大、异构性强的特点，并且要求实时处理。无人机遥感测绘过程中对数据实时性、精度以及多样性的需求，使传统数据处理方法面临巨大挑战，大数据处理技术因此应运而生。其基本原理涉及分布式计算、数据并行处理、数据压缩和存储等多个方面。

分布式计算在大数据处理中处于基础技术地位，由于数据量巨大，单一计算机或传统存储设备无法满足处理需求。采用分布式计算的方法，数据可以划分为若干小块，分发给多个计算节点并行处理。常用的分布式计算框架包括 Hadoop 和 Apache Spark。通过分布式处理，这些框架不仅能够提高处理速度，还能有效规避单点故障的困扰。以 Apache Spark 为例，Spark 采用内存计算的方式，显著提高了数据处理速度，非常适合无人机遥感任务中快速分析和实时响应的需求。在大数据处理技术中，数据并行处理与算法优化同样至关重要。数据并行处理是指通过在不同计算资源中配置类似的数据块,发挥并行计算的优势,从而在大规模数据集上实现高效分析。该技术被广泛应用于无人机遥感数据的处理,尤其是点云数据与影像数据的处理。在三维建模和大范围区域测绘中,需要处理数百万甚至数千万个数据点。传统的串行处理方式无法满足需求,而采用数据并行技术可以大幅提升处理效率。

数据压缩与存储技术在大数据处理技术中所占的比重不容忽视。无人机所收集的数据不仅数量庞大,而且通常为高分辨率,这就要求采用有效的压缩算法以减少存储空间,提高数据传输与存储效率。将无损压缩算法应用于遥感影像处理中,可以有效减小数据体积,同时保持数据精度,方便后续存储和传输。常用的压缩方法包括JPEG2000 和 LZW,它们不仅支持对图像数据进行压缩,还能保持优质的可视化效果。具体实例方面,某城市规划部门利用无人机对城市进行大范围建模与测绘,获取了海量高分辨率影像与激光雷达点云数据。传统的数据处理方式无法在短期内完成数据分析与可视化。为解决这一问题,本课题组推出了基于 Apache Spark 的大数据处理方案,利用其分布式计算框架,对三维城市模型进行了快速加工和生成。该技术的应用不仅极大缩短了数据处理时间,还显著提高了城市规划方案决策效率。

(二)大数据处理平台架构及应用实例

大数据处理平台是支持大数据处理技术发展的重要基础,其结构直接影响数据存储、计算以及处理的效率。无人机遥感测绘领域常用的大数据处理平台包括 Hadoop 生态系统、Apache Spark 和 Google Cloud Platform。每一种平台均具有自身独特的功能与优势,以满足不同规模与复杂度的数据处理需求。Hadoop 生态系统作为一种应用广泛的大数据处理平台,提供分布式存储(HDFS)和分布式计算(MapReduce)功能。Hadoop 将数据划分成若干小块,并分配给多个节点进行并行处理,从而显著提升数据处理效率。在无人机遥感测绘领域,Hadoop 平台可以支持大比例尺数据的存储和分析,尤其适合处理来自不同传感器和时间节点的多源数据。在灾后评估方面,Hadoop 平台可以对不同传感器获取的遥感影像和点云数据进行高效存储与快速处理,从而为灾后恢复提供实时支持。

Hadoop 公司的 MapReduce 计算框架因具有批处理的特性,无法满足对实时性要求较高的工作需求。Apache Spark 是一个较为理想的解决方案。不同于 Hadoop,Apache Spark 实现了内存内数据计算,并能提供比 MapReduce 更快的数据处理速度,尤其适用于低延迟、实时响应的工作场景。在无人机遥感领域,Spark 可以用于实时分析大范围的影像数据。例如,在农业监测方面,利用 Spark 平台处理多光谱影像,可以实时监控作物生长状况及土壤湿度变化。Google Cloud Platform(GCP)为用户提供了一整套全面的大数据处理解决方案,涵盖数据存储、数据分析以及机器学习等多种功能。GCP 借助云计算技术,使数据处理不受本地计算资源限制,从而实现对海量数据的高效存储和实时处理。通过 GCP 中的 BigQuery 和 Google Earth Engine 工具，可以快速分析和可视化遥感数据。在环境监测与气候变化研究领域，GCP 平台提供的强大计算能力能够帮助研究者从大量遥感数据中挖掘出宝贵信息，为政策制定者提供科学依据以制定相关政策。

应用案例之一为某大型农业监控项目。项目组利用 Google Cloud Platform 工具对无人机遥感影像及传感器数据进行处理。通过 GCP 的使用，该小组实现了云端大范围的数据存储与分析，利用 BigQuery 进行数据查询与分析，并结合机器学习模型预测作物的生长趋势以及可能出现的病虫害问题。该平台的使用使项目团队能够高效处理和解读遥感数据，及时识别农业生产过程中存在的问题，从而提高作物管理工作的效率。作为无人机遥感测绘的关键技术支持，大数据处理技术及平台通过分布式计算、数据存储及分析，大大提高了数据处理的效率及准确性。从 Hadoop、Apache Spark 到 Google Cloud Platform，各平台都有其自身的特点，可以适应不同尺度和领域对遥感数据处理的需求。伴随着无人机技术与大数据处理技术的发展，未来的测绘任务将能够对大量遥感数据进行更高效的处理与分析，并提供更准确、更及时的决策支持。大数据处理平台在此过程中将不断促进无人机遥感技术的发展，并为各行业提供有力技术支持。

二、人工智能与深度学习的应用

在无人机遥感技术飞速发展的背景下，海量数据的获取与处理已成为无法回避的难题。传统数据处理模式中，人工干预与手动分析通常费时费力且容易出错，制约了数据处理的效率与准确性。伴随着人工智能（AI）以及深度学习技术的快速发展，这一状况发生了深刻的转变。AI 和深度学习技术的应用不仅显著提升了数据处理速度，还在精度和自动化性能方面表现出色。尤其是在无人机遥感测绘中，人工智能与深度学习技术为大范围高精度的测绘任务提供了有力支撑。

深度学习技术的核心优势在于能够处理海量数据，自动识别其中的规律与特点。通过对深度神经网络的训练，该系统可以从图像和点云传感器数据中学习并提取有用信息，从而完成自动化目标检测、分类与分割任务。这不仅显著提高了数据处理效率，还有效减少人为因素导致的偏差。本书将探讨无人机遥感测绘过程中人工智能与深度学习的应用，分析其如何促进数据处理效率的提升，并结合实际案例讨论这些技术的具体应用及其成效。

（一）深度学习在无人机图像数据分析

深度学习在无人机遥感测绘中的应用，特别是图像数据分析领域，已取得显著进步。无人机搭载的高分辨率相机能够获取海量地面影像，这些图像通常蕴含丰富的地理信息与目标特征。传统的图像处理方法主要依赖人工标注及规则设置，处理流程烦琐且容易受到人为因素的影响。而深度学习算法可以通过海量数据训练，自动识别并提取图像中的关键特征，甚至发现潜在规律。深度学习的典型应用包括图像分类与目标检测。例如，利用卷积神经网络（CNN）对无人机捕获的农田图像进行深入分析，可以自动鉴别农作物的种类、受病虫害影响的区域或土壤湿度异常的位置。在农业监测方面，深度学习不仅有助于分析作物的生长情况，还能发现早期阶段的病虫害或水土流失问题，从而为农场主提供准确的管理建议。

此外，深度学习在图像分割任务中也得到了广泛应用。在城市建模中，利用语义分割网络可以将无人机采集的城市影像划分为建筑物、道路和绿地等不同区域。这些分割结果可进一步应用于三维建模、城市规划和基础设施管理领域。经过训练的神经网络能够自动提取图像中的建筑物轮廓、道路走向及城市绿化区域信息，从而显著提高城市建模的效率与准确性。深度学习在灾后评估方面也发挥着重要作用。当遭受地震或洪水等自然灾害时，无人机可以快速飞抵灾区获取高分辨率影像。深度学习技术能够帮助灾后评估人员自动识别受损建筑物、道路中断以及受灾区域。这种自动化分析不仅加快了灾后评估进程，还提高了评估精度，为救援工作提供重要的实时数据支持。

（二）AI和深度学习用于点云数据处理

无人机测绘不仅需要依靠深度学习技术处理图像数据，点云数据同样可以借助人工智能技术实现高效分析与处理。激光雷达（LiDAR）技术通过发射激光束和接收反射回的信号，可以生成高精度的三维点云数据。这些数据包含地面物体的空间坐标信息，在地形测绘、建筑物建模和植被监测中广泛应用。点云数据通常较为稀疏且复杂，人工处理效率较低，容易产生错误，因此将深度学习应用于点云数据处理显得尤为重要。

深度学习技术能够有效处理点云数据，实现从噪声过滤到特征提取，再到物体识别和分类的一系列自动化任务。通过深度神经网络对点云数据进行分类，可以精确区分地面、建筑物和植被等不同类型的点云数据。在城市建设过程中，自动化点云分类不仅显著提高数据处理效率，还为三维建模与规划设计提供高质量的数据支持。点云数据的配准问题同样具有较高的挑战性。点云配准任务旨在对不同角度或不同时刻采集的点云数据进行配准，以实现综合分析。传统的点云配准方法通常需要手动选取控制点或依赖复杂的几何计算，而深度学习技术则能够通过训练网络自动识别和匹配点云中的相似部位，从而实现高效的自动化配准。在灾后评估方面，利用深度学习点云配准技术可以快速对不同时点采集的点云数据进行配准，从而精确评估灾害造成的损失和影响。

此外，深度学习技术还可以用于点云数据的重构。在某些复杂的测绘任务中，点云数据可能因遮挡或传感器角度的限制而出现丢失。深度学习算法可以学习点云的分布规律，智能填充缺失部分，从而重构出完整的三维模型。这种基于深度学习的点云重构技术在环境监测和城市规划领域具有重要的应用价值。将人工智能与深度学习技术应用于无人机遥感测绘，可以显著提升数据处理的自动化程度和精准度，尤其是在图像数据分析与点云数据处理领域展现巨大潜力。通过深度神经网络，无人机采集的海量数据能够得到快速而高效的处理，实现关键信息的自动识别和提取，从而大幅提高工作效率并减少人工干预需求。不论是在农业监测、城市建模还是灾后评估领域，深度学习的应用都显著优化数据分析的精度与速度。

伴随着深度学习算法的持续优化以及无人机技术的蓬勃发展，未来数据处理领域仍有广阔的创新空间。人工智能与深度学习不仅提升了现有应用的效率，还推动了无人机遥感测绘领域实现飞跃。通过智能化的数据分析，无人机测绘未来将更加准确、高效地为社会各领域提供数据支撑，助力智慧城市建设、环境保护和农业生产等多个领域的持续创新和发展。

三、无人机数据处理的自动化与智能化

在无人机技术高速发展的今天，遥感测绘领域正经历从传统手动处理向高度自动化和智能化的变革。在这一转变过程中，对无人机数据进行自动化、智能化处理不仅显著提高了工作效率，还大幅改善了数据处理的准确性。传统的数据分析通常需要人工干预和烦琐的程序，而随着深度学习、人工智能和自动化软件的快速发展，无人机数据处理已经能够实现自动化运行，甚至可以根据不同场景智能选择适合的处理方式。

（一）无人机数据处理自动化技术内容

无人机数据处理自动化技术是指通过一系列算法与技术，使无人机在无须人工干预的情况下，对所获取的原始数据进行清洗、分析、加工、存储以及可视化处理。该技术的核心在于如何将烦琐的数据处理任务转化为自动执行的过程，从而显著提高效率并减少人为操作导致的错误。自动化数据处理最典型的应用之一是影像数据处理。无人机采集的图像通常需要经过人工标注、拼接和校正等步骤，才能生成完整的地理信息。在引入自动化技术后，如今影像数据的拼接及校正已经可以由机器自动完成。以图像处理为核心的自动拼接技术，通过特征匹配和匹配算法，可以实现对多航次采集的图像进行无缝拼接，从而生成一幅完整的高分辨率地图。这不仅显著降低了传统拼接所需的时间成本，还有效减少了人为操作的错误。

自动化数据处理在农业监测中表现出显著效果。无人机通过多光谱摄像头采集

的影像数据,可以自动生成作物健康状况的热力图,并确定作物生长过程中水分不足和病虫害发生的情况。自动化技术能够快速从图像中提取数据,并将其转换为决策支持信息,使农场主和农业专家无须依赖人工分析即可更高效地管理作物。某智能农业项目采用自动化影像分析技术,使农场主能够实时掌握各地块作物的生长情况,并及时采取措施进行应对,从而极大地提升了农业生产的精准度与效率。

此外,无人机在灾后评估中也得益于自动化数据处理技术。传统灾后救援人员需要通过人工分析无人机采集的图像,并依靠经验判断损伤区域。而现代无人机自动化数据处理技术可以在数小时内生成灾区的三维地图,并自动识别建筑物倒塌、道路中断及其他损毁情况。自动化技术的应用显著简化并加速了灾后评估过程,提高了救援与恢复工作的效率。

(二)无人机数据处理智能化技术内容

无人机数据处理的智能技术是指利用人工智能(AI)、机器学习(ML)、深度学习(DL)等前沿技术进行数据处理,使无人机在数据分析、处理与决策方面的能力不仅局限于规则与算法的实现,还能够像人类一样在数据基础上进行自我学习与优化,从而完成更复杂、更高精度的工作。无人机图像处理中的智能化技术尤为重要。无人机采集的影像数据通常包含大量空间信息,而传统影像分析方法需要依靠人工干预,存在速度慢、准确度受限等问题。深度学习技术能够自动分析图像的各种特征,包括建筑物、道路、树木以及道路标志等。深度神经网络可以对不同的物体进行分类、检测并分割。通过使用卷积神经网络(CNN)对城市图像进行训练,该网络能够自动识别城市中的各种建筑类型、道路分布和其他地物,从而生成高精度的城市三维模型。

智能化技术在点云数据处理方面取得了显著突破。点云数据作为无人机利用激光雷达采集的三维空间数据,被广泛应用于地形建模和建筑物提取工作中。点云数据的处理与分析通常面临大量数据、噪声以及不规则点分布等挑战。通过深度学习技术,可以训练神经网络模型对点云中的地面、建筑物以及植被等不同物体进行自动识别与分类。通过对点云数据进行智能化处理,能够更高效、准确地提取建筑物、道路及绿地等要素,为后续三维建模及空间分析提供可靠依据。在环境监测领域,智能化技术也得到了越来越广泛的应用。例如,在森林火灾监控方面,利用无人机获取的热成像数据与机器学习算法相结合,系统可以实时监控火灾区域的变化情况,并通过模式识别技术分析火灾蔓延速度及趋势。在这一智能化系统下,无须人工监控,即可实现对火灾区域的实时识别和校准,从而为灾后救援提供快速反应支持。

进一步将智能化技术应用于灾后评估、城市规划以及农业监控中,可以通过对模型进行自我学习、调整与优化,不断提高效率与精度。某农业监测项目将无人机获取的图像与气候数据相结合,该智能化系统能够自动分析农作物的生长状况,并预测未来数周的气候变化及农作物健康状况,为农业管理提供准确的建议。无人机数据处理的自动化和智能化是当前遥感测绘技术的重要发展趋势。自动化技术简化了数据处理流程,大幅提高处理效率,降低人为错误发生率;而智能化技术通过运用机器学习和深度学习,使无人机数据处理不仅依赖预设规则,还可以基于数据进行自我学习和优化,从而执行更复杂、更准确的任务。这些技术的应用不仅使数据处理更加自动化,而且使处理结果更加精准,决策更加智能。伴随着科技的发展与进步,各行业对无人机的应用将进一步深化,从而为城市规划、农业管理以及环境保护提供更高效、更智能化的解决方案。

第四章 无人机测绘技术在地形测绘中的应用

第一节 地形测绘的技术要求与应用价值

一、地形测绘的基本需求

在无人机技术飞速发展的今天,地形测绘行业正面临前所未有的机遇和挑战。传统地形测绘方法通常依赖大量人工劳动与精密设备进行测绘,往往需要耗费较长时间才能完成工作。这种情况随着无人机技术的崛起发生了根本性的转变。无人机具有效率高、机动灵活、成本低等优点,在地形测绘领域中已逐步成为一种重要手段。然而,地形测绘并不仅仅是一个数据采集的过程,它还涉及如何准确地对数据进行分析、加工和应用,并为各类产业提供决策和计划支持。对地形测绘基本要求的深刻认识不仅有助于促进技术的进一步发展,还能为各行业提供更精准的地理空间数据支撑。

(一)地形测绘基本要求的内容

在地形测绘中,其核心要求是数据的准确性。传统测量方法往往受到测量工具精度和作业过程中的人为误差的限制,尤其是在测绘大面积复杂地形时,这一问题显得尤为突出。而无人机技术的应用彻底改变了这一局面。无人机能够通过搭载不同类型的传感器(例如高清相机、激光雷达、红外传感器),以较低的成本和较短的时间获取高精度的数据。尤其是在难以进入的复杂环境中,无人机可以轻松执行任务。例如,我国西部山区的地形测绘,传统方法需要耗时几个月,而无人机测绘仅需几天即可完成同样的工作,且数据的准确性更高。这项技术不仅显著提升了测绘效率,还为众多地理信息应用提供更精准的数据支撑。

地形测绘的要求不仅在于准确获取数据，还在于如何对其进行有效处理和应用。在城市规划、资源调查和环境保护中，地形数据既是基础，也是重要的决策依据。无人机测绘技术通过快速、准确的数据采集提供大量空间信息，从而为各类产业的规划和决策提供有力支持。例如，城市规划部门利用无人机获取的高分辨率影像快速制作城市三维模型，为规划师提供更直观、更精确的地理空间数据，使城市规划更加高效、科学。

（二）地形测绘的应用价值

地形测绘的应用价值不容低估，特别是在城市建设、资源管理以及环境监测方面。就城市建设而言，地形测绘不仅为基础设施规划提供必要的前提条件，还为建筑物设计和布局提供准确的数据支持。规划师利用无人机采集的高分辨率地形数据，可以细致掌握地形变化情况，准确计算土地利用率，从而避免因地形变化导致的规划失误。在某城市新区住宅区施工项目中，规划团队通过无人机测绘地形，成功规避传统方法因忽略部分细节而引发的设计难题。地形测绘还在资源管理领域发挥着重要作用，尤其是在土地、矿产和水资源管理方面。无人机技术的应用不仅提升了资源调查工作的效率，还通过提供准确的数据支持，使资源配置和使用更加合理。在对某矿区进行资源调查时，利用无人机搭载激光雷达技术进行测绘，可以精确绘制矿区的三维模型，有助于管理者掌握矿产资源的分布规律，优化开采方案，并有效降低资源浪费。

就环境保护而言，地形测绘技术是生态保护与自然灾害监测的重要支撑。无人机能够迅速获取大面积地区的地形数据，并及时掌握自然资源变化及环境变化趋势。在某次森林火灾发生后的评估过程中，无人机携带热成像仪对火灾区域进行快速扫描，生成三维模型，以协助救援人员评估火灾影响范围并指导修复工作。这一应用的顺利实施不仅提高了救援效率，还为后续防火工作的开展提供了有价值的数据支持。地形测绘的核心要求不仅在于准确获取数据，更重要的是如何在科技日益发达的背景下，以高效、智能的手段处理与运用这些数据，从而为各个行业提供精准的地理空间信息。无人机测绘技术应运而生，大大提升了数据获取的准确性与速度，尤其是在复杂地形与具体应用场景中展现出其独特的优势。随着科技进一步成熟，人们对地形测绘工作的需求也将更加多元化，无人机在城市规划、资源管理和环境保护方面将发挥更大的作用。无人机测绘技术必将不断推动各个产业的革新和发展，为社会提供更高效更智能化的解决方案。

二、无人机在地形测绘中的优势

在科学技术不断进步的今天，特别是在无人机技术快速发展的背景下，无人机已逐步成为地形测绘领域中的重要手段。相比传统的地面测量方法，无人机地形测绘的优势更加突出。这些优势不仅体现在测绘效率的提升和成本的降低，更重要的是，无人机可以在传统方法难以覆盖的复杂环境中完成准确而高效的数据采集任务。无人机具有灵活性和多样性特点，是满足地形测绘需求不断增长的一种理想方案。本书将对无人机应用于地形测绘的一些关键优势进行论述，并结合具体案例分析，进一步明确无人机如何助力提升地形测绘的精度和效率。

（一）提高测绘效率，降低人工成本

无人机的一个最突出的优点在于其超高的测绘效率。传统地形测绘通常需要耗费大量的人力和物力，尤其是在大面积区域内进行测绘时，效率往往难以令人满意。测绘人员需要徒步到达每个测量点，并逐一记录数据，这不仅耗时，而且程序烦琐。而无人机的出现则彻底突破了这一局限。无人机的飞行速度远快于人工步行，能够在极短时间内完成大范围地区的测绘任务。在一项森林资源调查工程中，传统测量方法通常需要耗费数月时间才能完成，而无人机仅需几天便可完成同样范围内的测量工作，同时还能保证较高的精度。通过无人机进行空中作业，测绘团队能够在短时间内获取高精度的地形数据，从而显著提升工作效率。

更重要的是，随着无人机技术的不断发展，其飞行控制系统也愈发完善。无人机能够自主规划和调整飞行路径，无需依赖人工干预，便可根据不同任务需求自动选择最优的飞行路径和飞行高度，从而节省大量人工作业时间。这种自动化飞行模式不仅进一步提升了测绘效率，还大幅减少了作业过程中可能出现的人为失误。例如，在某市的基础设施建设项目中，无人机通过自动化飞行获取区域地形数据，与传统方法相比，不仅显著缩短了数据采集时间，还有效降低了复杂环境中的作业成本，同时减少了人为操作造成的错误，使数据更加可靠。

（二）对复杂地形和恶劣环境有较强的适应性

在地形测绘领域，另一款无人机的独特之处在于它能够适应各种复杂地形和恶劣的环境条件。传统测绘方法在山区、峡谷及其他复杂地形中经常遇到无法进入或难以测量的情况。而无人机凭借便携和灵活的优势，可以轻松应对上述挑战。无人机不仅能够在传统测量工具无法覆盖的高山和密林区域飞行，还可以通过装载多种传感器，例如激光雷达和高清摄像头，获取精确的三维数据，从而为地形建模提供必要支持。

无人机的灵活性还体现在其对恶劣气候的较强适应能力。尽管在暴风雨、大雪等极端天气条件下，飞行任务可能会受到一定限制，但随着技术的不断创新，现代无人机已经具备更强的适应能力。防水和防冻设计使无人机能够在寒冷气候条件下平稳运行，而高效动力系统则确保在恶劣天气条件下完成测绘任务。2018年，一个无人机实施的北极地区地形测绘项目充分展示了这种优势。尽管北极的极寒天气对传统测量工具造成极大挑战，无人机却凭借高效、稳定的特点成功完成了长达几周的地形数据采集任务。

无人机应用于地形测绘表现出明显的优越性，尤其是在提高测绘效率、减少人工成本以及处理复杂地形及恶劣环境方面表现突出。无人机技术的应用在很大程度上促进了地形测绘产业的发展，使复杂地区的测量工作更加高效和准确。伴随着无人机技术的不断创新，无人机在测绘领域中的应用场景将越来越广泛，无人机必然会成为地形测绘领域的主流手段。在提升作业效率的同时，它还能为各个产业提供更为准确的数据支撑。不论是城市建设、资源调查，还是环境保护与灾后评估领域，无人机都将扮演更重要的角色。

三、地形测绘中的精度要求

在地形测绘这一对精度依赖性极强的技术领域中，精度不仅是一种参数或指标，它几乎决定了整个测绘成果的价值和应用潜力。不论是在城市规划、基础设施建设中使用，还是在自然资源管理和灾害评估中应用，测绘数据的准确性直接关系到后续决策是否科学可靠。特别是在无人机作为主要数据采集手段的这一新兴测绘模式中，如何对其精度进行控制和提升已成为技术研发及实际应用的核心命题。精度既是技术追求，也是现实需求，同时还是确保测绘服务质量和成果可信性底线。

（一）精度需求的多维标准和现实挑战

地形测绘对精度的要求从本质上源于实际应用对空间信息精度的强依赖性，不同应用场景下数据精度需求存在明显差异。设计农田灌溉系统时仅要求米级高程数据，而布设城市地下管网或者修建大型桥梁时通常需要厘米乃至毫米级高程数据。这种差异化的需求决定了地形测绘对于不同层次精度的认识不能笼统对待，而必须综合考虑地理环境、测绘技术、数据处理方法以及最终用途等多方面因素。无人机测绘的迅速推广虽然大大提高了作业效率，但同时也将精度控制这一课题推向一个更复杂的高度。

从实际运行角度看，对测绘精度产生影响的变量远不止传感器硬件性能。飞行高度选择、航线重叠率设置、天气条件变化、地面控制点布设密度等各个环节都是误差产生的来源，同时也是后期数据处理的关键因素。以某次典型城市更新测绘任务为例，由于工程覆盖范围内建筑物高低差异显著，不合适的飞行高度会导致影像倾斜现象严重，从而影响影像配准精度；如果控制点布设不够合理，就会造成整个影像的地理配准偏差过大。这些问题最终将在三维建模、地图制图甚至工程施工环节被逐层放大，并可能酝酿出不可逆转的后果。因此，精度控制不仅是技术层面的工作，更是全流程质量严格把关的体现。

(二)精度管理策略和技术演化路径

为了应对地形测绘对精度日益严格的要求,业界不断优化测绘流程,并引入更加先进的技术手段与管理策略。其中一种高效的方法是结合"空三加密加地面控制点"的策略,以提高影像在空间上的定位精度。空三加密技术通过算法提取影像中的常见特征点,并利用三维空间中点的关联关系求解航带间的几何一致性,该技术已得到进一步优化。而地面控制点在整个测绘系统中起到"锚固"作用,能够有效减小系统误差与随机误差叠加的风险。在某城市快速道路改建项目中,采用上述技术确保最终生成的数字高程模型(DEM)误差不超过5厘米,从而完全达到了施工图设计的标准。

除了传统的精度控制手段外,人工智能和自动化处理工具的加入为地形测绘精度带来了新的动力。深度学习算法在影像识别和特征提取方面表现出惊人的稳定性和鲁棒性,能够自动识别影像中的关键特征点并增强匹配准确率,从而提高了影像配准的整体精度。数据融合技术在应用方面也展现出巨大潜力,将无人机影像、高分辨率卫星影像以及地面激光点云等多源数据融合在一起,能够有效弥补单一数据源因视角、分辨率或采集条件不一致而导致的精度不足。这类融合策略已成功应用于多个地区的地质灾害监测项目,通过将高空宏观视角和低空细节信息相结合,大幅提高了滑坡隐患识别的精度。

地形测绘的精度要求不仅是测绘技术上的挑战,同时也是对整个行业专业性和责任感的一次深入检验。在以无人机为代表的新型测绘技术的加持下,既迎来更高效的数据获取方式,也面临更为严苛的精度控制任务。精度已不仅仅是技术参数,而是与工程安全、环境保护、资源调配甚至民生福祉息息相关的综合性指标。随着各种技术(如算法、传感器和数据融合)的不断进步,地形测绘的精度管理将变得更加智能化和自动化。然而,其背后的逻辑始终保持不变:只有确保每个数据点的误差都在可接受范围内,测绘的真正价值才能得到充分体现。

四、无人机测绘的优势与挑战

无人机测绘这项新技术近年来已在诸多领域显示出极大的应用潜力。与传统测绘方法相比,无人机以效率高、成本低、灵活性强的优势迅速赢得市场与用户的认可。尤其是在某些地形复杂、交通不便的地区,或者时效性要求较高的工作场合,无人机测绘更显现出其独特的优越性。尽管无人机测绘技术具有广泛的应用前景和巨大的潜力,仍然面临不少挑战。这些挑战既涉及技术层面的精度和数据处理问题,也包括操作规程、安全性和法规政策方面的考虑。本书将对无人机测绘所面临的主要优势和挑战进行论述,从而对该技术的应用场景和发展前景形成较为全面的认识。

（一）无人机测绘的优点

无人机测绘所具有的优点最为直观地表现在其效率高、成本低。与常规地面测量相比，常规测量方法通常需要大量人力物力支持，特别是在大面积复杂地形条件下，通常要经过数月乃至更长时间才能完成测绘工作。而无人机依靠自身的飞行特点，能够迅速获取大面积的信息，特别是对于一些难以到达的地区，比如山区、森林、灾区，都能通过空中航拍高效完成工作。在某处偏远山区的公路建设项目中，以往常规测绘方法需要大量人工劳动、昂贵设备，且费时费力，精度受到限制。而通过无人机测绘的方式，项目团队在一周内完成全部测绘工作，既节省了时间与人力成本，又保证了数据精度与质量达到预期目标。

无人机测绘不仅具有高效性，同时也表现出其灵活性。无人机可根据需要对飞行路线、飞行高度和拍摄角度进行灵活调节，在短时间内获取大量测量数据。特别是对于时效性要求较高的工作来说，无人机的优势更加突出。在多个实例中，当自然灾害来临时，无人机能够快速进入灾区并实时监控地形变化和受损区域，为救援工作的开展提供第一手信息。2017年墨西哥大地震之后，许多地区因交通中断和道路坍塌无法开展传统测量工作，但无人机迅速开始空中勘察，获取的高精度影像成为灾后恢复工作的重要支撑。这种快速响应与高效数据采集正是无人机测绘技术所具备的主要优势。

（二）无人机测绘的挑战内容

无人机测绘虽然优势显著，但它所带来的挑战不可忽视。一是技术层面上的精度问题，特别是在大规模测绘及复杂环境中如何保持高精度数据仍是技术难点。无人机在测绘时，其精度会受到多种因素的影响，主要包括飞行高度、传感器精度以及航线设置。飞行高度过低会导致影像分辨率降低，过高则可能影响数据的准确性；此外，航线之间重叠率设定不当也会导致数据匹配不准确，从而影响最终测绘结果。尽管目前无人机技术能够实现更高精度的测量，但在城市建筑密集区域或极端气候环境中的某些特定场景下，其准确性仍难以完全保障。

除技术精度外，数据处理和分析也是无人机测绘的难点之一。无人机测绘过程中获取的原始数据通常需要进行烦琐的后期处理工作，主要包括图像拼接、地理配准和误差修正。尽管现有自动化处理技术已取得显著进步，但对于大规模数据处理，尤其是针对大面积地区多次飞行采集的数据处理，仍须具备较强的计算能力和高效的数据分析算法。在一些大比例尺城市测绘工作中，所收集的数据量非常庞大，常规的数据处理方法难以应对这一挑战。如何提高数据处理的自动化水平和减少处理时间，已成为无人机测绘中亟须解决的重点问题。

无人机测绘对于现代测绘技术来说，无疑是一项革命性突破。它不仅提高了测绘效率,降低了成本,还在面对复杂地形和高时效性要求的工作中展现出极大的优越性。在应用场景不断拓展的背景下,无人机测绘所带来的挑战也愈发凸显。精度控制、数据处理以及法规政策等问题仍须通过进一步的技术创新与制度保障来解决。伴随着无人机技术,尤其是人工智能、自动化控制以及数据处理算法的发展,无人机测绘在未来的发展中优势将愈加显著,而面临的挑战也会逐步被化解。无人机测绘必将在更多领域中发挥其独特的功能,从而为社会的可持续发展以及科学决策提供有力支撑。

第二节 无人机在地形测绘中的作业流程

一、前期准备与航测计划

纵观无人机地形测绘过程,前期准备工作和航测计划无疑是最重要的基石。一项科学、合理且周密的前期筹划不仅决定了数据采集的效率,还深刻影响后期数据处理的难易程度和结果质量。在大多数情况下,测绘工作成功与否的关键并非无人机升空或图像处理环节,而是地面上那些看似微不足道却极为关键的前期准备工作。技术的先进性固然重要,但如果对地形特征、气象条件和飞行参数缺乏深入了解和系统规划,即使是高端无人机平台也难以保证测绘的成功率。正因如此,项目前的准备工作及航测计划往往成为项目全过程中最详细、最耗时的部分。这不仅要求技术人员具备专业素养,还需要对项目目标及外部环境有深入掌握。

(一)现场评估和环境调研需要

前一阶段的准备工作通常需要对测区进行全方位的评价,这一过程并不仅限于在地图上勾画轮廓,而是需要实地走访、资料查阅和环境分析的多维结合。特别是在自然地貌较为复杂、气候条件变化较大的地区,对测区的认识程度往往决定着任务能否顺利进行。例如,在某次位于川藏交界地带山区的测绘作业中,项目组原以为卫星影像上的资料已经足够,但经过实地踏勘发现,由于地形起伏较大、峡谷密集,原计划的飞行路径很容易受到凸起山脊线的限制,导致航迹中断。通过对飞行高度的重新评估和适当降低,以及提高航线重叠率,最终成功化解了这一潜在问题。这种现象屡见不鲜,尤其是在中高山和无人区,地图资料和实际情况之间的差距往往是导致飞行规划失效的根本原因。

环境调研不仅限于自然地理条件的研究,人为因素也需要被纳入考虑,例如空域限制、电磁干扰、临时建筑物和风力涡流等。在城市环境中,高层建筑密集区的涡流效应对飞行稳定性的影响尤为显著；而在机场附近或军事禁飞区，工作区域更须事先申请相关飞行许可并完成报备流程。2020年，北京某市的一项城市更新项目由于对密集电力线路的考虑不足，导致无人机多次触发避障机制，从而影响了整体航程的连贯性。在计划阶段深入理解和动态把握现场情况，既是对工作本身的负责，也是对飞行安全的严谨体现。

（二）科学地进行航测规划和技术参数的设定

环境调研和测区评估工作结束后，如何编制一套科学、合理的航测方案便成为第二阶段工作的核心。航线布置、高度设置、重叠率调整以及传感器参数选择，这些要素共同构成了一幅精密的技术蓝图，其合理性直接影响数据的完整性和后期建模的可行性。以沿海防护林监测工程为例，该工程区域地貌平坦，但植被繁密，风速受季风影响较大。项目团队依据气象模型预测了飞行窗口，并成功将航高从常规的120米降低到80米，同时将纵横方向的重叠率分别提升至85%和75%，以确保能够充分捕捉林冠层的各个细节。这种精准调控自然变量和技术手段的结合，是确保数据质量的关键。

值得关注的是，不同种类的测绘任务对航测计划的依赖性各不相同。在大比例尺区域测绘时，作业团队通常需要分批划分网格航线，以确保全覆盖且无间隙。同时，在绘制建筑物立面或地质断层等细部目标时，需要使用倾斜摄影和多角度获取手段作为辅助手段，对航迹设计和飞行策略提出了更高要求。近年来，部分工程逐步尝试引入AI辅助规划系统，以实现基于地形的最优航线路径自动生成。虽然这一技术尚未得到广泛推广，但它无疑代表了未来航测计划编制智能化的发展方向。在这一背景下，航测已不再是简单的"飞行执行"，而是经过高度演算的空间协作行为，是对技术、现场环境及任务需求的巧妙权衡。

无人机测绘的前期准备和航测计划不仅是整个过程的开端，同时也为测绘任务的成功奠定了坚实的基础。通过对测区环境进行详细调查和科学配置飞行参数，既可以最大限度规避风险、提高效益，又能够确保数据成果的准确性和完整性。前期筹划阶段虽然烦琐，但它是测绘科学性和系统性最真实的体现。一项优秀的航测项目的成败往往在无人机升空之前便已悄然决定。在无人机平台和智能规划技术不断发展的过程中，预研和航测计划的过程将变得越来越自动化和精准化。然而，对于测绘人员而言，深入了解任务背景和现场特点的能力仍然是不可代的核心价值。

二、飞行任务的执行与数据采集

纵观无人机地形测绘的全过程，飞行任务的执行和数据采集无疑具有极强的操作性和实践性。这既是将计划蓝图付诸实施的关键环节，也是决定项目整体质量是否达标的转折点。无论前期准备工作多么完善，航测计划多么科学，如果实际航测过程中执行不严、细节处理不当,所有努力都可能功亏一篑。飞行任务并不仅仅是让无人机升空那么简单,而是需要针对设备性能、操作技能、气象变化和现场环境进行多变量实时综合调度。而数据采集作为测绘工作的核心环节,其准确性、完整性以及一致性在很大程度上决定了后续模型构建和分析工作的质量基础。这不仅是一场技术性和应变能力的较量,也是一份对实施团队专业素养的严格检验。

(一)准确执行飞行任务,实时调控任务

完成飞行任务并不是机械性地反复起飞和降落,而是高度计划和动态调整的有机结合。从理论模型来看,飞行轨迹可以被准确绘制成地图,但在真实环境中,影响飞行的各种因素随处可见。气流干扰、暂时性障碍、GNSS 信号短暂缺失等因素可能导致飞行路径与原定计划产生偏差。这要求飞行员具备超强的应变能力,并充分了解无人机系统。

在某南方丘陵地区进行地形测绘作业时,原航线经过高程差较大的山谷地带,出现偏航异常。操作团队随即根据飞控系统的反馈信息,以半自动接管的飞行方式临时微调航线,既保证数据覆盖的完整性,又避免地形遮蔽。这一"规划—介入—反馈—调节"的飞行逻辑正逐渐成为复杂地形飞行任务中的惯例。

飞行中设备性能的发挥也是不可忽视的,高性能飞控系统在突发状况下能够维持飞行稳定,传感器的实时校准直接关系到数据获取的精度。城市环境下,高楼大厦林立可能引起信号反射和干扰,从而影响 GNSS 定位精度,继而对飞行路径实施精度产生扰动。在 2022 年度某城中村改造测图工程中,该团队利用 RTK 实时动态差分系统加强飞行精度,并通过基站和无人机协同工作,达到了厘米级路径控制,最终获得优质测绘影像。显然,高质量飞行任务的完成不仅取决于飞行器自身性能的保证,同时也要求对外部变量进行前瞻性判断和过程控制。

(二)数据采集标准化实施和异常应对

如果将飞行视为无人机运行的骨骼,那么数据采集无疑就是它实实在在的血肉之躯。测绘数据价值的体现,总是以采集阶段的标准化、稳定性与效率为前提。标准化的采集流程不仅意味着在飞行中严格控制拍摄间隔、角度和光照,还要求图像重叠率、航带完整性与传感器姿态控制的深度协同。某滨海湿地保护工程因潮汐变化剧烈和地面反光导致影像曝光过度,项目组通过调节光圈和加装偏振滤镜的方法,有效降低了水面的干扰,确保了影像层次的清晰与细节的完整。这些看似微小的调整,实际上蕴含着对数据完整性和可用性的深刻理解。

无论多么严格的标准化流程,都无法完全避免突发状况的发生。数据采集过程中常常会遇到天气突变、电池容量不足或数据冗余错误等问题,这些都会为复杂的工作

带来挑战。经验丰富的作业团队通常会预先设定一些冗余策略，例如分段飞行、双机轮换和快速检查数据完整性，以应对可能出现的数据采集中断情况。2021年，在对灾后塌方区域进行快速成图时，原计划采用单架无人机完成任务，但由于现场气候突变和能见度下降，首架无人机在回收过程中发生数据丢包事故。所幸第二架无人机迅速接管任务，并通过对第一架拍摄的航带进行无缝补拍，最终成功制作出完整的地形模型。这一冗余设计不仅体现了作业过程的灵活性，也彰显了团队对数据质量的高标准与严要求。

飞行任务的实施和数据采集虽然处于无人机地形测绘过程的中间阶段，但本质上却是技术设计向现实成果转化的关键节点。该流程不仅依赖设备系统的精密操控，还需要即时判断和处理环境因素及潜在风险。这不仅是静态的技术展示，更是一种高动态性且充满变量博弈的现场操作艺术。随着无人机技术向智能化方向发展，自动化路径规划、多传感器协同以及人工智能数据质检手段将进一步提升飞行任务的准确性和效率。无论工具如何演变，人类的专业判断和现场经验在复杂多变的场景中仍然具有不可替代的作用。唯有精准执行与科学采集并重，才能为整个测绘系统奠定坚实的数据基础。

三、数据处理与分析

数据处理与分析在无人机地形测绘技术链条上居于承上启下和核心作用。它不仅承载了飞行采集任务的结果，还决定了最终可视化产品的质量水平和决策支持系统的可靠性。相比动态且可视的飞行过程，数据处理环节似乎更隐蔽且技术更为密集，常被人们误解为"后台作业"。但真正从事过测绘的人都知道，飞行过程是可容错的，而数据处理则不能有丝毫马虎。处理精度问题、算法选择问题、数据冗余问题、格式转换问题、质量控制问题……这一系列作业就像精密机械系统一样，任何一个环节失控都可能导致整个工程输出不平衡。本书将对无人机测绘过程中数据处理和分析的关键价值及实践要点进行深入探讨，并通过案例解析的方式揭示其中蕴含的技术逻辑和现实挑战。

（一）从原始影像到几何校正的技术路

径无人机收集到的资料，其初始形态通常是成千上万张图像、点云或波形的记录，凌乱且庞大，缺乏坐标和结构。现阶段的首要任务是数据的清理和几何校正工作。初步筛选出冗余、模糊和曝光异常的图像是原始数据的"体检"过程；以几何校正为真实数据处理的出发点，需要根据无人机飞行参数、相机内参以及姿态解算信息进行准确的坐标化与重构操作。该流程的核心是使所有离散的二维图像能够在空间上恢复它们之间的真实位置关系，从而形成可以拼接和建模的基本图像。以某地处长江流域的水利工程测绘项目为例，传统自动配准算法因地形变化剧烈导致误差率过高。项目组引入GNSS地面控制点进行辅助校正，并采用基于SIFT特征点的多角度图像匹配方法，成功实现误差控制在5厘米范围内的高精度定位。

值得一提的是，现阶段算法的选取对数据处理效率有很大影响。尽管自动拼接软件具有较高的普及度，但在复杂地形的情况下通常无法处理局部遮挡和重复纹理的干扰因素。人工参与和算法辅助协同处理策略逐渐成为主流。有研究小组甚至将AI算法引入图像初步质量评分中，利用训练模型确定具有较高价值的图像区域，极大地减轻了人工筛选的压力。这种"机器先行，人工修复"的混合工作流既保证了处理效率，又兼顾质量与灵活性，为大规模作业提供了稳定的技术支撑。

（二）由影像拼接向建模分析的智能提升

完成几何校正后的影像数据随即进入影像拼接和三维建模阶段，这一过程是从"数据"到"产品"的关键跃升。影像拼接不仅需要具备高重叠率和坐标一致性的特点，还须保持空间几何关系的真实性。在某市市政管网普查工程中，项目团队使用多架无人机进行同步飞行数据采集。为避免因拼接时的时间偏差导致光照差异，尤其是针对不同飞行批次的图像，团队实现了统一的色彩调整和亮度补偿。随后，采用结构光重建算法对影像数据进行高密度点云转换，并结合摄影测量技术制作出精细化的三维地形模型。这种从二维影像向三维实景模型的转变不仅是一种技术演进，更是对地理空间数据立体化表达的可视化支持。

分析阶段是基于建模的智能化延伸。传统数据分析通常依托GIS平台完成断面分析、坡度分析和等高线提取等任务。随着人工智能的嵌入，越来越多的工作开始向自动化和预测化方向发展。以某次地质灾害监测为例，研究小组将无人机采集的点云数据导入机器学习模型，自动识别地形突变区域并划分风险等级，从而显著提高了灾害预警的时效性和准确度。此外，将深度学习应用于目标检测和变化识别领域，也逐渐扩大了地形测绘数据的利用边界。如果说以往的数据处理更倾向于静态加工，那么现在的分析已经具备主动洞察和演绎预测功能，从而真正实现了从"测量地形"到"理解地形"的跃迁。

无人机测绘数据处理分析是一项集算法、工程实践和空间逻辑于一体的系统工程。它通过对原始数据的信息提取、冗余图像的价值挖掘以及空间切片的真实重构，无论是从几何校正的精细运算到三维建模和智能分析系统的整合，均展现出其既是技术工艺，又是信息解构和重构的艺术。在云计算边缘处理和AI技术深度嵌入的背景下，数据处理不再仅仅是一项后期工作，而是正朝着实时化、协同化和可视化方向发展。在这一新范式中，测绘人员的角色将从数据操作员逐步转变为空间认知设计师，而无人机所收集的信息将成为认识世界和预测发展趋势的更为有力的驱动引擎。

四、成果评估与报告生成

纵观无人机地形测绘项目的技术过程，成果评估和报告生成毫无疑问是收官之笔，也是品质和价值的终极体现。如果说飞行任务和数据处理是一场技术展演，那么成果评估和报告生成更是一场系统性复盘和提炼，既关乎工程交付标准，更决定着结果的有效运用与实操价值的发挥。在实践中，许多测绘项目因忽略评估环节，导致结果说服力不足，甚至出现决策误导的情况。一个标准科学、逻辑深度高的成果评估和报告体系，既是技术专业性的展现，也是责任的延伸，同时还是对数据可信度和应用前景的庄严承诺。

（一）构建多维质量评估体系并进行实践

地形测绘成果评价绝不是单纯的精度比较，而是一个系统性、多维度信息整合的过程。从几何精度、数据完整性和空间一致性到视觉质量和可读性，各个维度需要通过量化和定性方式相互印证，才能构成综合判别力较强的质量评价体系。在智慧城市建设的地形测绘工程中，评估流程被细化为9个核心指标，包括航带拼接误差、控制点残差、影像重叠率是否合格、模型网格质量和地物识别准确率。这些指标由自动化检测软件和人工抽检共同完成，最终汇总成评分矩阵，以便后续进行横向比较和趋势分析。通过这一多维审查机制，项目团队不仅能够整体感知成果质量，还能为后续优化工作提供有针对性的技术反馈。

和这一评价过程类似，"应用适配度高"这一概念也应被提出，即成果是否确实与项目使用方的实际需求相匹配，以及是否具备服务特定业务逻辑的功能。例如，在某水利防洪规划项目中，虽然最终生成的DEM数据各项技术指标表现突出，但由于未能精确提取局部堤坝区域的高程细节，导致模型在模拟流域时出现偏差。这一问题促使团队反思"合规性"和"适用性"的关系，同时推动测绘人员将评估维度从"测量精度"延伸至"业务价值"。质量评估的最终目标并非单纯褒奖成果本身，而在于其是否能够切实解决实际问题。这种以工程逻辑为切入点的反向审视，已成为当前高标准项目建设的一种共识和潮流。

（二）对成果表达和报告生成进行逻辑重构

成果评估至关重要，但如果无法以有效且明确的方式向相关决策方传递，其价值将大打折扣。报告的生成旨在将技术语言转化为应用语言，成为连接技术和管理、科研和现实的桥梁。在当前测绘行业中，传统的报告形式逐渐显现信息结构单一、数据呈现方式沉闷的缺点，而现代测绘项目更注重可视化表达和交互式呈现。在某山区基础设施勘测项目中，项目团队摒弃传统的纸质文本报告，改用一套交互式成果展示平台进行展示。使用者可以在三维地图上自由选择区域、切换数据层级，观察局部误差分布情况，并下载相关分析图表和比对图层。这种成果报告不仅显著提升用户对信息的理解效率，还增强测绘成果在实际工程决策中的应用能力和活力。

报告生成还肩负梳理项目逻辑和解构数据价值的任务。一份优秀的成果报告不仅应包括图表、模型、数据清单等硬性输出内容，还需阐明数据背后的"来龙去脉"：为何测、如何测、测得如何、是否可用、如何应用。以某市更新改造工程为研究对象，测绘团队采用"项目背景—测区概况—技术方法—质量评估—风险提示—建议应用"的报告主干结构，并辅以简明的数据摘要和流程图解。这种报告形式有效帮助非技术背景的管理者理解测绘成果对整体规划的影响。这一兼顾深度与实用性的成果报告模式，不再仅仅是技术文档的简单叠加，而是为多元决策者服务的信息发布形式，同时也是对测绘价值传播的全新设计。

成果评估和报告生成作为无人机地形测绘过程中的最后一环，不仅是整个技术链条上的汇总和反馈，也是将成果可信度和应用能力传递给外界的"证明书"。在实际操作中，评估不应仅局限于列举技术指标，而应整合"是否适用"的评判逻辑，从而构建一个从数据质量到应用场景的完整评价体系。报告生成也应从静态文档演进为动态表达，不断增强信息的可理解性、可视化和可传播性。在测绘应用场景日益拓展的情况下，成果评估和表达不再是一个技术附属品，而是连接测绘专业和各个产业需求的关键节点。在此过程中，测绘人员既是资料的记录者又是空间信息价值设计者和传播者。

第三节 无人机地形测绘的精度评估与质量控制

一、精度控制的基本方法

在无人机地形测绘实际工作中，精度控制始终是贯穿作业流程的一条红线。这不仅关系到测绘数据的可获得性，还涉及工程设计、规划决策和资源调配等众多后续工作的安全性与科学性。无人机获取的数据本质上仅是空间表达中的"初始语言"，只有经过严格的精度控制策略，才能使这种语言变得清晰、精确，并具备对现实世界进行准确刻画的功能。尤其是在地形测绘中，即使是微小的高程误差，也可能对土方工程量计算、坡度判定或排水设计等重要场景产生显著影响。精度控制不仅是技术细节，更是一种贯穿测绘全过程的专业伦理与技术标准。这不仅需要系统性框架的支持，还依赖一线实践中的经验积累和方法创新。

(一)控制点布设与坐标系统选择的基本保障

在众多关于无人机测绘精度控制的技术手段中,地面控制点(GCP)的设置无疑是最根本且至关重要的部分。控制点既是图像几何校正和坐标匹配的锚点,也是整个测绘系统空间精度提高的基础。理想情况下,控制点的位置应涵盖整个测区边缘和核心区域,并构成稳定的网状结构,才能保证航带之间的拼接一致性和三维建模的完整性。然而,实际工作中由于地形复杂、通行受限或者植被遮挡等客观条件的制约,控制点布设往往面临折衷选择。在某沿海湿地项目中,团队通过将传统 GCP 与虚拟控制点(VCP)结合的方式,实现对局部难以布点区域的空间约束,从而提升模型整体的几何稳定性。这一灵活多变的控制点布设理念已经成为目前复杂场景测绘的常态策略。

控制点使用的坐标系统对精度亦有深刻影响。地形测绘中经常需要考虑局部精度和大范围一致性问题,因此选择适当的投影坐标系非常重要。在众多国内项目中,国家2000坐标系(CGCS2000)已经被广泛接受为标准。但在山区、边界或某些特定用途的地区,需要根据当地的地形特点对坐标系统进行适当调整。

例如,在某西北荒漠边境地区参与资源调查时,由于常规投影方式在远距离飞行时会产生较大的平面偏差,项目组选择将测区划分为若干小区块,分别使用局部高斯投影进行处理。最后,在整合阶段采用网格拼接算法对边界偏移进行校正,以确保整个区域成果的几何一致性。这种被称为"局部分治、全域统一"的坐标方法,正在持续提升测绘系统的总体精确度和稳定性。

(二)动态控制飞行参数和数据处理流程

除地面控制点外,飞行参数设置也是测绘精度中一个非常重要的变量。飞行高度、速度、航带重叠率和倾斜角度均直接影响影像分辨率、影像质量以及后期的数据匹配。在进行高精度测绘工作时,通常推荐将纵横方向的重叠率设定在80%和70%以上,这样可以确保特征点在多张影像中能够重复出现,从而提高立体匹配的准确性。然而,飞行高度需要综合考虑地物特征、传感器焦距和期望分辨率等因素才能准确计算。在对某市高密度区建筑群进行测绘作业时,针对建筑物阴影遮挡较为严重的情况,研究小组选择低空飞行,同时配合倾斜摄影技术以更加全面地获取立面信息。尽管这一措施增加了飞行所需的时间和数据量,但它却带来了建模的完整性和细节的更好还原,使得最终的精度控制指标超过设计标准的20%。

对数据处理流程进行规范和智能化也是管控误差扩散的重点方法。传统的摄影测量、影像配准和空三加密最容易引入系统误差,特别是在大规模作业时,可能出现算法处理不平衡、控制点辨识不准确和模型收敛不稳的现象。目前主流软件虽然已经具有强大的自动化能力,但对于"精度敏感型"工程来说,人工干预仍然是必不可少的。以某大型基础设施建设前的测图为例,为了确保后期设计图纸满足高度精度需求,工程队伍在自动空三解算后,仍然采用手工方式对关键点残差进行排查,并对加密布点和误差超限区域进行局部重算,以保证各点关键地貌特征均处于误差阈值以内。这种处理从表面上看是"回归人工",但从本质上看则是对结果准确性负责任的专业判断。

精度控制是无人机地形测绘工作的基本支柱,也是一项贯穿于飞行筹划、数据采集直至成果交付全过程的系统工程。不仅需要依靠传统控制点和坐标系统的紧密支持,还需对飞行策略和数据处理进行动态调整,同时要求测绘团队在关键环节表现出技术判断力和现场智慧的高度集成。随着传感器精度、AI识别算法和自动化控制技术的不断进步,精度控制的手段必将更加丰富和高效,但它所承载的那份"严谨准确"的测绘精神,仍不会因技术更新而有所削弱。在这个越来越依赖空间信息的时代,测绘数据的准确性已不仅仅是一个技术指标,而是连接真实世界和数字模型之间信任的桥梁。每次精度控制上的改进都会进一步增强这座桥的稳固性。

二、误差源与影响因素

在集高精度工程、自动化飞行和复杂数据处理于一体的无人机地形测绘技术系统中,误差几乎无处不在。它并非某个环节的偶然失误,而是一种贯穿始终、具有系统性特征的风险隐患。在实际操作中,测绘人员经常会发现看似微小的误差积累会在工程后期产生明显偏差,从而影响整个结果的可信度。了解误差产生的根源、分析具体原因、确定影响路径是确保测绘数据准确性的先决条件。特别是在无人机这一高度自动化的平台上,误差通常并非单一设备故障造成,而是许多系统耦合、环境变化和人为干预等多种因素复杂相互作用的结果。在源头上辨识误差并在链条上对其进行控制,已成为现代测绘工程无法回避的重要问题。

(一)设备系统和飞行平台错误诱因

无人机测绘系统本质上是由多个传感器和控制模块共同协作的综合体,任何组件的精度降低、响应延迟或参数偏移都会成为误差产生的来源。以航测相机为核心的影像获取设备,其内参误差、镜头畸变和快门时差会直接影响影像的几何精度。在某矿区三维建模工程中,由于航测相机受到高温环境的影响而产生微小形变,导致边缘影像出现显著弯曲,最终影响模型边界的几何精度。尽管中部区域的数据表现良好,但整体建模仍不得不重新调整校正。在炎热地区和高海拔作业时,此类问题尤为常见,这表明设备的物理状态与其运行环境密切相关。误差控制需要超越参数计算的范围,更加注重运行状态的实时感知和修正能力。

再看看飞行平台自身,其定位系统是否准确、姿态控制是否稳定以及飞控系统响应速度如何，都对误差的产生和放大起决定性影响。特别是在采用非RTK系统进行一般GNSS定位的过程中，容易因信号遮挡、多路径效应或者短时失锁等原因导致影像定位信息漂移。在某次森林资源监测工作中，该团队多次遇到山谷地带GNSS信号缺失的问题，造成飞行轨迹断点增多，数据间配准误差较大，最终只能依靠地面控制点进行人工纠偏。此类场景充分表明，飞控和定位精度不仅决定飞行安全，还直接关系到后期影像处理的基础精度。随着多频RTK和PPK高精度导航技术的广泛应用，这种误差问题正在逐渐得到改善。在飞行计划的各个阶段，仍须对可能出现的误差边界进行全面评估，并制定合适的容错和冗余解决方案。

（二）环境条件和人为操作因素的共同作用

除技术系统自身存在的误差外，外部环境因素也是导致无人机测绘误差的重要原因之一。高风速、强光照、降水和高湿度气象条件对无人机的飞行稳定性和影像采集质量均会产生不同程度的干扰。以沿海湿地测绘的一次任务为例，突然出现的强海风可能导致无人机航线发生偏移，使某些影像的重叠率未达预设标准，从而导致拼接算法失效，需要后期补飞。此外，在阳光直射条件下拍摄的图像，由于地面反光较为严重，容易出现图像曝光不均匀的问题，从而影响纹理识别和特征提取的准确性。更为复杂的是，环境因素常与设备性能相互交织，使误差的来源变得模糊且不可预测性增强。因此，越来越多的作业团队开始引入气象模型和环境感知系统，以便在飞行前进行风险预判，并在飞行过程中动态调整航迹，从而提升总体抗扰能力。

人为操作因素是一种常被低估却普遍存在的误差来源。尽管无人机测绘以"自动化"作为其技术标签，但在飞行前的准备、控制点的布设以及数据处理参数的选取等关键节点上，仍然需要人为决策和介入。在某大型园区地形更新工程中，由于技术人员误选错误的控制点坐标系，导致整个测区成果系统性偏离上一期资料，直至比对分析阶段才发现问题。这一案例表明，即使装备的智能化程度很高，人们的认知偏差和操作疏忽仍然是错误的主要推动因素。

此外，在数据处理过程中，如果完全依赖软件的默认参数，而不根据实际影像质量进行人工调整，同样可能导致拼接失败、三维模型变形或数字高程模型（DEM）起伏异常等问题。不论技术水平多么先进，误差控制的"最后一公里"仍然取决于操作人员的专业判断和规范执行。

无人机地形测绘的误差源表现为多元交织、动态演化。误差既可能由于传感器内部小数点偏移触发，也可能因飞行环境中突然出现风口而被快速放大，还可能因人为一次参数误设而影响整体模型效果。精准识别误差来源并明确其影响机制，是精度控制和结果可信的先决条件。无人机测绘行业正在逐渐从"结果导向"向"过程保障"转变，从"事后纠偏"向"事前预防"转变。这意味着误差控制不再是一种修补漏洞的消极行为，而是贯穿于系统设计、作业执行和质量审查整个过程中的主动策略。随着人工智能识别、自主飞行和边缘感知技术的进一步成熟，误差将不再是"失控的黑箱"，而是可以被实时识别、动态优化的透明变量。这条路径是测绘行业迈向更高可靠性迈进的必经之路，同时也是一线从业人员对"精度就是尊严"这一理念的最佳诠释。

三、精度评估的标准与工具

无人机地形测绘技术越来越普及，"精度"不再仅仅是技术指标，而是信任的标志、成果的代言，更是评判数据能否真正进入应用环节的决定性阈值。无人机技术的诞生不仅改变了传统测绘作业方式，也带来了全新的评价要求。那么，如何对这些以非接触式方式采集到的海量空间数据进行精度评估，以满足工程应用标准？这一问题的答案隐藏在精度评估标准体系和技术工具之中。精度评估的意义从来都不是单纯给出一个误差值，而是应该提供系统化、科学性和可验证性的判断基础，使结果具备可信性和可引用性。本书将重点对无人机测绘中常用的精度评估标准和工具展开系统性论述，并以真实项目为例，力求还原这一看似"幕后"却至关重要的环节的复杂整体。

（一）精度评估指标体系及判定依据

精度评估体系通常将评估分为绝对精度与相对精度两个层次。绝对精度强调测绘成果是否符合真实地理坐标，即"数据是否正确"的能力；相对精度则更多关注测绘数据内部各点的几何一致性，这是对"数据自身"的一种衡量方式。为了准确判断绝对精度，通常依赖高精度的地面控制点（GCP）作为参考标准。通过比较控制点在成果中的投影坐标与实际测量值的差异，可以计算出水平和垂直方向上的残差分布情况。相对精度则更适用于三维建模和地形重建，通过评估模型中不同点对间距离误差来判断数据结构是否完整。以某大型输电线路巡查项目为例，在无人机完成倾斜摄影后，通过比对25个控制点的残差，平均水平误差控制在4.2厘米，垂直误差控制在5.6厘米范围内，从而成功满足电力巡检布线的设计要求。

以此为基础，各国和各地区都建立了专门的精度评价标准。由中国测绘地理信息局发布的《摄影测量与遥感基本术语标准》（GB/T 23232）以及《数字测图规范》（GB/T 7931）文件，明确规定了在不同比例尺的测图中应允许的误差范围。在1:500比例尺中，平面误差不应超过±15厘米，高程误差不应超过±20厘米。而对于1:2000比例尺，其误差可以适当调整至±50厘米和±70厘米之间。这类标准不仅提供了清晰的评估数值边界，也是测绘项目是否通过鉴定和是否进入使用的门槛红线。在某市政管道网络改建项目中，由于初步成果的精度评估未能满足1:1000标准要求，项目最终不得重新拍摄关键区域的影像并对数据进行重新处理，这导致工程进度被推迟近十天。这类案例表明，精度评估标准不仅是一种质量控制工具，还具有明确的项目管理和风险规避功能。

(二)主流评估工具的筛选和实践

评估工具的选择及运用直接决定了精度判断的高效性与可靠性。无人机测绘精度评估常用的软件平台主要包括Pix4D、Agisoft Metashape、ContextCapture和Trimble Business Center。这些平台不仅提供空三解算的基本功能,还整合了GCP残差统计、模型误差热力图和自动误差标注模块,方便技术人员快速识别异常区域及误差分布。以某山区公路选线测绘任务为例,利用Agisoft Metashape进行空三运算,通过其误差分析功能制作的3D残差可视化图,直观揭示了山体陡坡区域模型的局部偏差。最终,研究小组通过优化控制点分布和提高航线重叠度,有效将最大误差限制在容许范围内。

除商业软件外,部分项目团队也会使用GIS平台(如ArcGIS Pro、QGIS)进行后期精度验证,尤其是在需要结合多源数据(如地籍图、土地规划图、历史DEM)时,GIS工具在数据比对、空间偏差分析和统计可视化方面具有独特优势。以某跨年度地形变化分析为例,该技术团队在GIS平台上叠加两期无人机采集的DEM,以高程差异图的形式直观呈现地貌演变趋势,并在偏差较大的地区进行误差修正和重新采样,以保证地貌分析的精度和时效性。值得一提的是,最近几年出现了许多自动化评估平台(如Propeller Aero、DroneDeploy),这些工具逐渐赢得行业认可。通过云技术处理、大数据对比和自动生成质量报告等手段,这些平台显著提高了评估效率,特别是在施工现场和紧急情况下表现尤为出色。

无人机地形测绘精度评价是一场穿梭于数据和现实之间的精细比拼。它不仅是一系列手段的综合,也不仅是若干残差值加权平均的结果,而是对技术负责、对结果可用性进行全面检查的机制。在这套机制中,指标体系是逻辑框架,行业标准是尺度标尺,而工具平台则是执行载体,三者协同构建起测绘质量的"最后防线"。只有深入理解每一项指标背后的评判逻辑,熟练运用各类工具对成果进行反复验证,才能真正实现数据从"看起来不错"到"使用起来很安心"的飞跃。随着AI质检、智能对比算法以及实时评估模块技术的发展,精度评估将进一步朝着过程嵌入、实时可控的方向发展。这不仅有助于提高作业效率,更将推动整个测绘行业向着更高的标准、更高的信任方向迈进,真正做到"测而准,准则用,用则安"。

四、质量控制与修正措施

在无人机地形测绘的完整技术体系中,质量控制与修正措施无疑构成了数据生产环节的"最后防线"。区别于早期粗放的"测过之后就交付使用",现代测绘更注重数据结果的准确性、一致性和可追溯性。在项目规模不断扩大、行业需求日趋多样化的背景下,数据成果是否准确完整已经不再是一个"可选项",而是关系到后续规划设计、决策研判甚至公共安全工作的重要依据。基于此背景,质量控制早已超越了传统质检狭义的范围,发展成为贯穿采集、加工、建模和交付全周期的系统性保障过程。而修正措施是否有效,直接反映出一个测绘团队在问题响应能力和专业控制水平方面的深浅程度。本书将重点分析质量控制的关键机制和修正策略,力求勾画出一幅较为逼真和复杂的测绘质量保障图景。

(一)建设和运用全过程质量控制机制

优质的测绘成果,从来都不是数据采集完成之后的"偶然附带",而是在工程开工那一刻就已经埋下隐患。应将质量控制视为现代测绘项目的前置性战略,而不是事后补救措施。该方案强调,在项目的每一个关键节点上都应设置可操作的质控点,从而构建一个"防范—监控—校验—反馈"的闭环管理体系。以某城市快速道路的改建和扩建测绘项目为背景,项目团队在飞行开始之前设定了数据收集的预警线路:如果云量超过30%或风速超出每秒5米,那么飞机将被禁止起飞,以确保不会受到不利气候条件对图像质量的影响;在飞行过程中,引入实时图传质量监测机制,动态标记图像的模糊、偏移和重叠度不足;在数据处理阶段,为各航带自主生成误差分布图,并预先警告高风险区域,同时留出补拍窗口。该质控体系从源头监控、过程干预到后期修改实现了一体化管理,大大降低了返工率,同时增强了数据成果的稳定性和可复用性。

应该注意到,全过程质量控制不仅需要工具与参数,还需要流程制度化与团队协作标准化。某山区水利设施测绘工程技术团队由于忽略数据存储设备的冗余配置,导致某航班获取的原始影像毁坏。项目团队在完成任务后,对整个工作流程进行了详细回顾,并制定了名为"任务之前的Checklist制度"的方案。该方案涵盖了设备状态监测、航线备份、影像预览质量抽查等16项检查点,从制度层面防止人为疏漏。这起案例表明,质量控制的核心并非总是技术细节问题,而往往隐藏在被忽略的"人为变量"之中。项目团队将质量意识转化为流程规范和行为准则后,数据成果的可控性才能真正得到基本保证。

(二)采用误差修正策略和局部优化方法

即便质量控制流程再完善,也无法完全避免误差的出现,这是测绘过程中几乎无法避免的事实。而及时辨识问题并执行有效的修正措施,成为保证结果合规的重要手段之一。误差修正的核心在于准确定位问题根源,并选择针对性的技术路径进行修正。在某村改造工程中,课题组从DEM结果中检测到一些地区存在高程突变现象。经过调查发现,这些问题是由于建筑物遮挡导致激光雷达点云断面跳变所致。针对该问题,团队采用了"地物识别加光滑拟合"的混合策略,即先用AI算法识别遮挡区域的轮廓,再通过三次样条拟合重建其高程曲面,最终将该区域误差控制在±10厘米以内。这类修正策略的实施不仅检验了算法能力,还考验了空间语义理解和人工干预的分寸感,反映出测绘技术从"纯自动化"向"人机协同"方向发展的进化趋势。

局部优化常常成为提高整体成果质量的"巧劲"。并不是所有的数据偏差都需要推倒重来,而是通过合理的局部修补、数据融合和配准调优,可以在保证质量的前提下显著提升整体成果的质量。在某跨区域生态修复工程中,项目组发现南北测区之间存在几何缝隙问题,并因两次飞行航带交叉不充分而导致模型难以拼接。当补飞失败后,研究小组利用局部地面控制点重构融合带,并对邻近地区影像权重进行精细调整,从而成功实现了模型的无缝拼接。这种细节调控能力的背后,体现了对测绘数据空间逻辑和几何结构的深刻认知。修正不再是粗暴的替代,而是变成了精准的"缝合",成为经过科学判断的"针线活"。

质量控制和修正措施作为无人机地形测绘确保结果可信和符合标准的核心步骤,具有重要意义,属于一般技术所依赖的范畴。它们共同组成一个动态的嵌入式管理体系,将项目中的不确定性转化为可感知、可应对的风险结构。在这种架构下,质量控制并非"完美主义"的化身,而是技术责任和工程智慧的结合点;修正措施不仅是为了弥补失误,更是为了有效应对复杂系统中的不确定变量。随着测绘任务愈加精细化、多样化,质量保障体系也将进一步实现智能化与标准化,而那些"无形的成果"——质控策略、修正细节、过程反思——将成为决定测绘数据能否真正"落地有声"的关键因素。在这一逻辑下,测绘早已不再是图纸和数据的简单结晶,而是一个由专业判断和技术保障交织而成的动态过程。

第四节 无人机地形测绘的创新

一、高精度测绘技术的应用

在数据驱动空间认知的今天,测绘已不再是仅勾画地貌轮廓的工具,而是一种认识地形结构、指导工程实践、支持智慧治理的基础能力。在众多测绘分支技术中,高精度测绘技术凭借其对细节的极致追求和对误差的严格控制,已经逐渐成为城市建设、资源开发以及灾害应对等高标准场景中的核心支撑,具有不可替代的地位。它不仅是技术手段的"高阶选项",更代表了一种深度解析现实世界的能力拓展。特别是在无人机测绘越来越普及的今天,高精度技术的嵌入和融合正在推动测绘成果从"可视"向"可信"转变,从二维表面向三维语义过渡,使空间信息的表达更加深刻和实用。

本书旨在探索高精度测绘技术在实践中的多元路径,并通过典型案例分析其在提高成果质量和扩大测绘边界方面的特殊价值。

(一)将高精度技术应用于三维建模与城市管理领域的实战

城市作为一个复杂的空间系统,具有高度的动态性,城市精细化管理对地理空间数据的准确性提出了空前的挑战。从城市三维建模、地下管线布设到规划审批及施工监理,几乎每个环节都需要高精度测绘的参与。在常规航空摄影难以满足需求的情况下,无人机携带高分辨率相机和激光雷达,成为获取高精度城市空间信息的主要途径。以上海市浦东新区城市更新项目为例,该技术团队采用固定翼无人机进行区域覆盖飞行,并在重点路段辅助使用多旋翼平台进行垂直补拍。通过将倾斜摄影技术与激光雷达点云数据相结合,成功创建了一个分辨率高达2厘米的高精度三维模型。该成果不仅应用于辅助城市设计和交通模拟领域,还直接引入"数字孪生城市"建设,使其从静态展示转变为动态管理。

值得关注的是,高精度技术的落地并非一朝一夕能够完成,需要数据采集、处理算法和成果表达全链条的支持。在上述项目中,激光雷达点云数据经历了多轮滤波处理、地物识别和高程校准,并与地面控制点进行了坐标对齐,从而确保最终模型的几何精度误差不超过5厘米。尤其是在城市高楼密集地区,由于倾斜摄影可能造成图像遮挡现象,采用激光雷达数据补全的方法得以解决。城市管理者可以利用该模型分析楼间日照、计算绿化覆盖率,甚至模拟雨水径流路径,为政策制定提供科学依据。这一测绘成果从"图形图像"到"决策支撑系统"的功能跃迁,恰恰是高精度测绘技术实现其价值释放的关键所在。

(二)高精度技术精密部署地形监测和灾害预警

高精度测绘技术在灾后恢复中发挥了不可替代的重要作用。2021年河南郑州"7·20"特大暴雨发生后,许多城区道路和桥梁遭到严重破坏,野外勘察条件异常恶劣。技术团队采用具备厘米级定位功能的无人机系统,对主要受灾地区进行了快速的模型构建,并成功创建了精度超过10厘米的数字表面模型(DSM),为后续排水系统的恢复和道路重建计划提供了详实的依据。这样的实例表明,高精度测绘不仅能够争取应急响应的时间,还能提升灾后重建的科学性和效率。与通用型测绘产品相比,高精度数据更敏感、可比性更强,这使其在风险识别和趋势判断中更具说服力。

运用高精度测绘技术既是测绘手段上的技术迭代,也是测绘角色上的深刻变革。从地理信息的"记录者"到空间治理的"赋能者",再到结果输出的"参与者",以及过程调控的"主导者",这一转型的核心正是基于对空间数据的深入理解与精准表达。无论是城市复杂构建的三维表达,还是脆弱生态区地形形变的监测,高精度测绘因其独特的分辨率和精准度而备受关注，构建了一套更可信、更可控、更可互动的现实世界"数字镜像"体系。展望未来，随着高精度激光雷达、小型化IMU（惯性测量单元）、实时差分定位技术的持续进化，高精度测绘将不仅仅是"更加详细"，更是"更加智能化"。它将深入到更多"看不见"的行业场景中，成为连接空间信息与现实世界治理之间最可靠的桥梁。

二、三维建模与地形分析

在传统二维地图仍然占据空间信息表达主导地位的时代，地形通常仅是"线"和"色块"平面抽象的产物，并不能展现其在现实中的立体复杂性。在三维建模技术快速发展的背景下，特别是和无人机测绘深度结合后，地形已经从静态表征发展成为一个动态、立体且可互动的空间实体。三维建模不仅是一种数据表达形式，更是一种全新的地理认知方式，它赋予地形"解构、分析和预测"的能力。特别是在城市规划、地质灾害监测和资源评估中，三维建模正悄然改写对空间的认识逻辑。基于此进行的地形分析，成为地貌演化、形态特征和功能价值方面的深层次探索，是从"看见"向"洞察"转变的一次飞跃。本书将以无人机测绘体系下三维建模和地形分析协同演变为主线，讨论其中的技术内核、具体应用以及由此引发的认知变革。

（一）三维建模技术实施路径及表达革新

在三维建模中，核心问题是如何通过一系列碎片化的空间数据重建现实世界的立体几何结构。这一过程并非单纯的图像叠加或点云拼接，而是一项需要精确算法驱动、数据流协同和空间逻辑理解技术支持的系统性工程。在当前的无人机测绘系统中，三维建模主要依赖倾斜摄影技术和激光雷达（LiDAR）技术的联合使用。前者通过多角度拍摄目标，实现建筑、山体以及其他复杂对象的立体还原；后者则能够穿透植被探测地表，并在夜间环境中增强模型的完整性和准确性。以北京某历史街区的保护工程为例，该技术团队采用倾斜摄影方式实现了街区建筑群的高精度重构，并结合LiDAR点云数据补充屋顶细节和遮挡死角，成功创建了一个全景三维模型。该模型的分辨率达到2厘米，误差控制在5厘米以内。这种建模模式不仅在视觉表达上具有高度还原性，还能够作为城市更新的空间数据基础，为权属规划和建筑审查等特定业务提供服务。

三维建模的意义远不止于"可视化"层面，其更重要的功能在于为后续空间分析和智能处理提供结构化数据载体。目前主流建模平台（如ContextCapture、Metashape、RealityCapture）均已实现模型与GIS系统的高度兼容，使得三维成果不再是"静态模型"，而是具备可查询、可叠加、可测量属性的空间分析单元。在某道路桥梁工程的应用场景中，三维模型不仅展示了路基坡度及桥体结构，还通过切面分析和渗流模拟方法预测汛期积水点。这种基于模型驱动的分析方式使原本"仅能观看"的地形具备"思考能力",从而拓展了地理信息技术的边界,也深化了测绘成果的服务广度。

(二)地形分析对于空间洞察和工程决策具有实用价值

三维建模提供了地形"演出的舞台",而地形分析则是对其结构与演化规律的深度解读。通过使用DEM(数字高程模型)、DSM(数字表面模型)和DTM(数字地面模型)等多种数据格式,地形分析不仅能够对坡度、坡向和地形起伏等静态几何要素进行定量评价,还能模拟雨水径流路径、滑坡触发点的确定和太阳辐射分布等动态过程。以四川某地地质灾害高发区为例,在高精度三维地形模型的基础上,技术团队构建了区域性滑坡敏感性模型,并对坡度临界值和水文条件耦合变化规律进行了分析。预测的7个高风险滑坡点中,有5个在汛期后期已确认发生实际位移。这类基于实地建模的预测性地形分析,已成为政府应急响应和土地整治中的重要技术支持。

与城市规划和工程设计而言,地形分析同样发挥着"隐性设计师"的作用。城市选址已不再仅凭经验和图纸勾勒,更需要精密的地形分析作为支撑,以实现科学布局。以沿海某市新区规划工程为例,技术团队通过三维建模和DEM数据拟合未来道路网,模拟不同设计方案下的排水能力、交通坡度和建筑通风情况。最终筛选出的方案不仅规避了潜在滑坡带,还最大限度利用地势自然高差优化城市通风廊道。这种由三维数据主导的设计思路,将"明显可见的地貌特征"转化为"可推演地形",使设计逻辑从二维平面提升到三维空间的系统性思考。

三维建模和地形分析已不再是测绘流程的"附属模块",它正逐渐成为释放数据价值的一种主要方式。这种技术实现了测绘成果从传统"空间描摹"向"空间洞察"的飞跃,既提高了现实世界的还原能力,又强化了预测未来变化的能力。在这种技术生态下,三维建模负责"形式"构建,地形分析负责"意义"解读,二者互为补充、共生发展。随着深度学习、点云语义分割、实时建模等新技术的持续注入,三维地形数据将更具"智能"属性,不仅能够呈现"现地形",还能够预测"未来发展趋势",从而进一步推动测绘技术从数据提供者向空间智能服务提供者的转变,为城市治理、自然资源管理和灾害防控开拓更加广阔的价值领域。

三、无人机与传统测量技术的结合

无人机技术应运而生,为传统测量行业注入强大动力,大幅拓展了测绘领域的应用边界。尽管无人机技术在空间数据采集方面具有诸多优势,传统测量技术仍然在高精度、稳定性和局部细节处理方面占据重要地位。二者表面上相互独立,功能上相互补充,但在实践中,其组合往往能够带来更高效、更准确的测绘成果。通过将无人机技术的灵活性和传统测量技术的高精度相结合,可以解决许多复杂环境中的数据获取难题,实现精度和效率的双重保障。本书将从技术融合的具体路径、典型应用场景及其挑战三个方面进行分析,深入探讨无人机与传统测量技术相结合所带来的优势及其现实应用价值。

(一)技术融合路径和操作模式

无人机和传统测量技术的结合并非简单的工具叠加,而是二者功能互补、协同作业的深度整合。实际测绘项目通常采用两种融合方式:数据采集阶段的融合和数据后处理过程中的协同优化融合。前者通常依赖无人机采集大范围、粗略的空间数据,并结合传统测量手段提供的高精度地面控制点(GCP)进行精确校正,以确保数据的空间定位误差最小化;后者则是在无人机生成的初步模型基础上,利用传统测量工具(如全站仪、GNSS)进行细节修正,特别是在一些局部细节复杂或无人机难以完全覆盖的区域。

在某次城市新区发展测绘工作中,技术团队利用无人机对全区进行倾斜摄影采集,并快速制作大面积三维地形模型。基于此,本课题组采用传统全站仪对道路交叉口建筑基准线和高程数据进行准确测量,而这些细节无法通过无人机影像有效获取。通过利用传统测量技术进行补充,最终完成误差控制达到厘米级高精度的城市规划图。本案将传统测量技术在精度上的优势与无人机技术的高效率相结合,极大促进了工程工作效率和成果质量的提升。

在某些特殊的应用场景下,二者的结合还体现在传统测量设备对无人机飞行的协助。在部分具有高精度要求的山地测绘工作中,本课题组利用高精度GNSS设备和无人机飞行控制系统实现实时差分定位。这种方法使无人机飞行路径和数据获取过程更加准确,特别适用于具有大坡度的区域。利用传统测量技术提供的实时修正信息,可以显著减小飞行误差并提高数据可靠性。

(二)典型应用场景及优点

无人机和传统测量技术相结合,在许多行业领域中表现出明显的优越性,特别适用于需要高精度且环境复杂的测绘任务。两者协同作业可以极大地提高工作效率和数据精确度。在工程监测领域,无人机为数据采集提供了一种快捷、综合的方法,而传统测量技术则保证了数据的准确控制与局部修正。这种组合方式在大型工程、基础设施建设和地质勘探中得到广泛应用。在某市地下管网建设工程中,课题组将无人机与传统测量技术相结合,利用无人机实现管网区域的全覆盖航拍与三维建模,然后结合常规测量仪器,精细测量地下管道的位置和深度。无人机的灵活性使工程师能够快速确定整个管网的布置情况,并在短时间内完成数据采集工作。同时,传统测量技术的参与确保了管线位置的高精度。这种协同工作模式极大加快了施工进度,有效规避了测量误差的发生。

灾害应急响应是无人机和传统测量技术相结合的重要应用场景之一。以2017年九寨沟地震灾后评估为例，受灾地区地形复杂，环境条件恶劣，传统测量技术难以迅速进入现场。无人机通过快速飞行实现受灾区域高精度影像采集和三维模型生成，而传统测量技术则在救援队进入灾区后对关键建筑物和道路进行进一步精准定位和校正，从而确保后续重建所需基础数据的精度。这种结合不仅提高了救援效率，还为灾后恢复工作提供科学决策支持。无人机和传统测量技术的结合正在为现代测绘行业带来前所未有的效率和准确性。二者的互补性在突破传统方法难以克服的技术瓶颈方面，尤其是在复杂环境和高精度需求的场景中，展现出特别突出的优势。无人机技术以其灵活性和高效率为传统测量方法提供数据采集依据，而传统测量技术则在局部精度和数据修正方面发挥着至关重要的作用。在无人机技术日益成熟和传统测量技术不断精细化、智能化的背景下，二者的融合将愈加深入，应用场景也将愈加广泛。这一技术融合不仅是测绘行业创新的必然趋势，还将在空间数据应用、工程建设和环境监测等领域不断推动测绘成果向更加高效、准确和智能化的方向发展。

四、新型无人机平台的应用探索

伴随着无人机技术的发展和演变，新型无人机平台的应用正在测绘、环境监测、农业和城市管理等领域展现出越来越广泛的潜力。从最初的基础航拍发展到如今的多传感器平台融合，无人机平台的创新不仅在数据采集效率和精度方面取得显著提升，还突破了许多应用场景中传统技术的限制。新型无人机平台的出现，使测绘行业可以应对更加复杂的地形数据采集任务，完成更加多样化的工作，并进入此前难以触及的区域。在科技日益发展、需求日益多元化的今天，无人机平台的未来应用前景将更加广阔，并可能带来革命性影响。本书将探讨新型无人机平台在多个领域中的应用，分析其如何打破传统技术的限制，推动相关产业的发展。

（一）复杂环境下多传感器集成平台

伴随着无人机技术的发展，单一传感器的局限性逐渐显现，特别是在复杂地形与环境下，单一传感器无法满足人们对数据多样化的需求。新兴的无人机技术平台正逐步向集成多种传感器的方向发展，包括将激光雷达（LiDAR）、高分辨率摄像机、红外成像技术和热成像传感器等多种传感器整合到一个统一的平台上，以实现对各种环境条件更全面准确的测绘与监测。多传感器集成平台不仅能够提供更加丰富的数据层次，还可以自动筛选不同应用场景中的最佳传感器来采集数据。

在一个地处山区的生态保护工程中，研究小组使用融合了LiDAR和高分辨率RGB相机的无人机平台，对山脉及森林区域展开全方位扫描并拍照。LiDAR系统能够高效穿透树冠层并提供准确的地形数据，RGB相机则为地面对象提供优质的影像数据。通过对二者数据的整合，项目组不仅准确掌握了森林覆盖情况，还成功编制出精确的地形变化图。这种多传感器平台的应用充分显示出其在复杂环境中的优越性，特别适用于难以进入或传统设备无法使用的区域，从而实现更加高效、准确的监测和数据采集。

除生态保护领域外，多传感器集成平台在农业精确施肥、城市规划和环境污染监测等方面也展现出巨大的潜力。在农业领域，将多光谱传感器与红外成像相结合的无人机平台能够提供作物健康状况的综合评价，有助于农业专家实时调节施肥、灌溉等措施，从而提高农田生产的精准度和资源利用率。在城市管理方面，该类平台可以集成城市数据并实现高精度建模和监控，有助于智慧城市的建设和管理。

（二）将垂直起降和固定翼平台联合使用

除多传感器集成外，无人机平台在飞行方式和平台类型方面的革新是当前技术探索中的重要方向。传统的无人机平台大多为固定翼或多旋翼机型，但两种机型的局限性也十分明显。固定翼无人机通常具有较长的飞行续航时间和航程，但无法在有限空间内实现起飞和降落，这限制了其在狭窄或高风险区域的应用。而多旋翼无人机则能够垂直起降，适应性较强，但飞行时间及航程相对较短。近年来，将垂直起降和固定翼平台相结合已成为新型无人机平台发展的重要趋势。这类混合型无人机融合了两者的优势，既能实现长时间飞行，又具备灵活的起降能力。

在某森林火灾发生后的灾后评估工程中，该研究小组使用垂直起降固定翼无人机对火灾区域实施实时监控。该无人机可在灾区狭窄空地起降并迅速进入复杂火灾现场，还可长期空中巡航，全方位扫描大范围灾后区域，迅速获取地形数据。该无人机平台集垂直起降和固定翼飞行特性于一体，显著提升了复杂环境下的应用效率，特别是在灾后应急响应和环境修复方面具有较大潜力。垂直起降和固定翼结合的平台在其他多个领域也有广泛应用，例如建筑工程测量和桥梁监控。传统测量方式要求作业人员多、现场部署时间长，而新型无人机平台可以在短时间内完成建筑结构测量、路面质量检测及其他细节扫描，为相关工作提供有效的数据支持。在上述应用场景中，无人机所具有的灵活性和高效性使其非常适合突破一些传统技术难以逾越的任务瓶颈。

新型无人机平台的应用探索正驱动测绘技术、环境监测与工程管理的深刻变化。通过融合多传感器，新型无人机平台不仅能够为复杂环境提供更加全面的数据支撑，还可以高效、准确地完成多种具体应用场景下的工作。垂直起降和固定翼平台的结合较好地解决了传统飞行平台在灵活性与续航能力之间的冲突，使无人机能够满足更加多样化的应用需求。伴随着科技的进步，新型无人机平台的潜力将进一步得到发挥，并在农业生态保护和城市管理等诸多领域大显身手。无人机平台的革新不仅局限于硬件上的更新,还体现在数据处理、任务自动化和智能决策等方面的综合发展,从而促进整个产业朝着更加高效、更加智能的方向迈进。

第五章 无人机测绘技术在工程监测中的应用

第一节 工程监测的目标与技术要求

一、工程监测的基本目标

在当今高速发展的工程建设中，工程监测已成为确保项目安全和提升建设质量的核心环节之一。无论是城市复杂基础设施建设还是偏远山区的桥梁、隧道建设项目，监测的根本目的始终是保证项目从设计到建设再到运行都能处于可控状态，以避免因隐患积累而引发安全事故。工程监测的有效性直接影响工程的经济效益、社会效益及环境影响。近年来，随着科技的不断进步，无人机、物联网、大数据等先进技术逐渐融入工程监测之中，为实现监测目标提供了更准确、更高效的方法。本书将对工程监测的基本目标进行深入探讨，并结合具体案例分析及技术要求，揭示现实工程如何准确实现监测目标，以及其在确保工程安全与质量方面发挥的巨大作用。

（一）工程监测的安全保障及风险预测

工程监测的主要目的是确保工程安全，保障建筑物、基础设施及周边环境的稳定和安全。它既是施工质量的控制手段，也是对潜在风险的前瞻性预判。在复杂的地质条件、极端气候或高风险施工环境下，工程监测显得尤为重要。例如，在某高层建筑的建设过程中，地下水位波动、土壤沉降或地震活动可能对建筑基础产生负面影响。在这些情况下，传统的人工检查通常难以发现潜在安全隐患。通过在施工现场布置传感器，对土壤变化、地面沉降及结构变形进行实时监测，可以及时获取数据并作出相应调整，从而有效降低风险。

以某超高层建筑项目为例,在施工期间采取了多种工程监测手段,其中包括位移监测、沉降监测和应力监测。本工程地处地质不稳定地区,课题组对施工全过程中的建筑物沉降进行了实时监测。通过采用高精度全站仪和 GNSS 系统连续观测建筑物基准点,当监测到沉降异常情况时,监测系统会自动报警,及时告知项目负责人,以避免沉降过大造成基础设施破坏。这一举措有效预防了建筑在建设期间可能存在的安全风险,同时为建筑后期使用提供安全保障。

安全保障的对象并不限于在建工程,工程监测同样对已建工程的长期运行起到关键作用。在隧道、桥梁等交通基础设施服役期间,监测工作通过动态监测结构健康状况,能够及时发现由于老化、环境变化或者外部冲击因素带来的潜在风险。该长期稳定的监测体系能够有效延长基础设施的使用寿命,并降低运行期间意外事故发生的概率。

(二)工程监测的质量控制和进度管理

工程监测的另一重要目的就是实时监测建设质量,确保项目按设计标准优质竣工。传统测量方法通常依靠人工检测与周期性审查来检验工程质量,既费时费力,又易受人为误差干扰。而通过无人机测绘技术和高精度设备的使用,在监控过程中不仅效率高,而且确保数据的准确性和可追溯性。工程监测对建筑材料质量、施工方法的规范性和现场操作的精细度都起着不可忽视的作用。在高速公路建设的全过程中,监测系统的部署确保施工团队能够实时获取关于道路地基的各种质量信息,其中包括土壤的密实度和混凝土的硬化程度。这些数据通过实时传输的方式直接呈现在工程质量管理平台上,有助于项目经理掌握建设进度和质量问题。通过无人机航拍和 LiDAR 技术的结合,团队可以快速检测路基的平整度并准确测量道路坡度,确保设计标准得到严格执行。在这些高精度数据的基础上,项目经理可以迅速发现质量偏差,并及时调整施工方案,从而显著提升施工过程的质量控制能力。

工程监测在施工进度管理中也发挥着举足轻重的作用。在建筑项目逐步推进的过程中,如何保证项目如期完工并合理控制成本,已成为建筑行业面临的重大挑战。通过准确的监测数据,施工方能够实时了解每道工序的进度,并对可能出现的进度滞后进行提前预判。在某大型住宅区施工期间,监测系统对土方开挖和地基施工等主要阶段的工期数据进行实时反馈,辅助项目经理预测工期并优化调度。该方法使项目管理更加精细化,降低因信息滞后导致工期延误的风险,确保项目按照计划顺利推进。

工程监测的根本目的不仅限于施工期间的安全及质量控制,更在于对整个项目进行系统性监测及管理。工程监测通过有效、准确的监测技术为工程提供科学的数据支撑,使工程从设计、建设到运营维护的各个环节有据可依、未雨绸缪。在此过程中,无人机测绘技术的加入无疑为传统工程监测工作提供了有力的技术支持。无人机不仅能够提供更加全面的空间数据,还可以实现实时动态监控,从而确保项目各阶段的可控性。在科技不断进步的背景下,工程监测的目标将愈加多元化,监测手段也将愈加智能化,从而推动整个工程行业向更加优质、高效、安全的方向发展。

二、工程监测的技术要求

工程监测是现代建设工程中的一个重要环节,它不仅是检测项目施工质量,更是对项目生命周期进行综合控制。在工程规模日益扩大和复杂化的情况下,常规监测方法已经难以满足精度、时效性以及成本效益方面的需求。无论是大型基础设施建设还是灾后评估和恢复,工程监测技术在关键时刻都能发挥重要作用。技术要求在工程监测中处于核心地位,决定着监测数据的准确性、可行性和最终所能支撑决策的质量。伴随着无人机、传感器和数据处理技术等新技术的发展,工程监测提出了越来越精细和智能化的技术要求,同时能够满足不同阶段和领域中的特定需求。本部分将对工程监测技术要求进行深入探讨,并结合具体案例分析,揭示工程监测如何应对各种挑战,以确保工程顺利推进和实施。

(一)精度要求和数据质量控制

在工程监测中,首要的技术要求是数据的准确性,它直接影响监测结果的可靠性以及后续决策的科学性。随着工程项目复杂程度的提高,对数据采集精度的要求也愈发严格。尤其是对于大型基础设施项目,精度要求更加苛刻,特别是在涉及地基沉降和结构变形等关键问题时。设计阶段监测数据的准确性直接关系到方案的可行性与安全性。例如,在某大型桥梁建设项目中,监测系统需要实时采集结构变形数据,且精度需达到毫米级。如果监测数据出现较大偏差,可能导致设计方案调整失误,从而影响后续施工质量。

在实践中,如何保证监测精度的稳定性已成为工程监测面临的主要问题。无人机技术的运用为这一难题的解决提供了一种新思路。无人机配备高度精确的传感器,例如激光雷达(LiDAR)和高分辨率相机,这使得它能够在相对较短的时间内覆盖广泛区域,并且其采集的精度可以达到厘米级或毫米级。以某市地铁项目为例,该项目团队利用无人机结合地面控制点,在建设初期准确测量地基,确保土壤沉降和位移数据的高度精确性。通过比较各阶段的资料,发现地面沉降问题并采取相应的调整措施。

精度要求不仅体现在数据获取环节,同时也涉及数据处理与分析环节。在数据采集完成之后,如何利用准确的算法将原始数据转化为有意义的监测结果,取决于一个有效的数据处理平台。在某大型建筑项目中,研究小组采用高精度三维建模技术,综合不同时间点的监测数据分析建筑物的变形趋势,及时发现局部结构的细微变化并对其进行加固,从而预防潜在的结构安全事故。

（二）实时性和动态反馈方面面临的技术难题

工程监测不仅依靠静态数据，更注重实时性与动态反馈。在工程项目规模日益扩大、建设周期不断延长的情况下，及时了解工程状态变化、发现潜在问题并即时反馈，是保证工程按期按质完成的关键要素。传统监测方法通常依赖周期性检查，数据采集与反馈速度较慢，容易遗漏短期动态变化信息。现代工程监测系统对实时性提出了更高要求，尤其是在高风险工程项目中，实时监控能够在潜在危险出现时迅速报警，从而避免安全事故。以某建筑施工现场为例，工程团队通过设置若干传感器，对混凝土浇筑时的温度变化、湿度变化和应力变化进行实时数据监测。这些数据实时传送至监控平台进行处理和分析，项目经理可以快速获得反馈并及时调整施工方案。在一次混凝土浇筑过程中，实时数据监测发现某层混凝土温度异常上升，导致应力集中现象，这可能影响结构稳定性。施工团队根据系统的动态反馈，立即调整混凝土配比，并采取降温措施，以避免施工过程中出现严重安全问题。

然而，实时性与动态反馈也面临技术方面的挑战。工程现场复杂的环境通常会对数据传输造成一定困难，尤其是在井下、封闭或远距离位置时，信号稳定性及传输速度往往难以满足实时监控的要求。部分高端工程监测系统在确保监测数据实时性和准确性的前提下，采用边缘计算技术，将数据处理过程前置，减少对远程数据传输的依赖。在5G技术不断发展的背景下，未来实时监测中的数据传输将更加稳定，效率也会进一步提升，为工程监测的实时性提供更多技术支持。

在工程监测中，技术要求是保证工程质量及安全的核心内容，而精度、实时性及可靠性则是评价监测系统是否有效的主要指标。如何在现代工程复杂环境中获取高精度数据和进行实时动态反馈，是每个工程项目面临的难题。在科技日益发展的今天，无人机传感器技术、人工智能以及大数据处理新技术的运用不仅大大提高了数据采集的准确性，而且使监测系统的实时性得到保障。综合运用这些先进技术，该工程监测系统既可以提供准确的数据支持，又可以实现有效的预警机制，以确保项目顺利进行。在工程建设对技术支持依赖性日益增强的情况下，对工程监测技术的要求也会越来越高，从而对工程质量和安全起到重要的保障作用。

三、工程监测的常见难点

工程监测作为保障项目质量和安全的一种重要方法，在当代大型工程建设中发挥着越来越重要的作用。上至高层建筑和交通基础设施，下至桥梁和隧道，每个工程项目的成功实施均离不开对结构安全、环境影响以及施工过程的实时监测。工程监测在实际运行中面临许多挑战。这些困难既来自技术层面的复杂性，又和工程项目的独特性密切相关。在工程规模日益扩大、复杂性不断提高的情况下，监测工作也变得更加困难。如何有效、准确地开展监测工作，以克服上述技术和实际操作中的困难，成为广大工程管理者与技术人员共同面临的难题。本书将对工程监测过程中普遍存在的困难进行深入探讨，并通过具体实例的剖析，揭示解决这些难题的方法，寻找行之有效的解决方案。

（一）数据采集困难及解决方法

工程监测中最普遍的困难之一是数据采集问题，尤其是在复杂环境中如何有效、准确地采集大面积、多维度的数据，已成为监测系统面临的核心问题。传统方法往往依赖人工数据采集，不仅耗时费力，还受环境条件的限制，通常难以覆盖整个监测区域。尤其是在大型基础设施项目中，监测对象一般分布较广，且往往位于复杂或难以到达的地理位置，这对传统的数据采集手段提出了巨大挑战。

某大型桥梁建设项目施工范围较广，地形较为复杂，有些地区受交通和天气的影响，很难采用人工方法对其进行综合监控。研究小组引进了无人机技术，利用飞行平台实现大面积高精度影像的获取。这样不仅显著提高了数据采集效率，而且有效避免了人工方法存在的偏差。无人机配备了高分辨率相机和激光雷达（LiDAR）等先进传感器，使其能够准确捕获桥梁的变形、沉降和材料裂缝等关键数据，为后续的工程评估工作提供了坚实的基础。即使采用这种高效的数据采集方式，环境因素（如气候、飞行限制区域）依旧会影响数据采集质量与频次。为了解决这一难题，更多工程项目开始将地面传感器和无人机技术相结合，利用多源数据融合提升数据采集的精度和可靠性。

在某些特殊情境中，工程监测也面临多层次、多维度的数据同步获取的困难。传统测量方式很难同时兼顾不同类型的监测任务，而新型传感器技术则能够通过集成多种传感器（如温度、压力、应变）在一个平台上同步采集数据。通过物联网技术，这些数据可以实时传送到监控中心，以便后续的加工与分析。由于多传感器数据间存在差异性，如何对不同源数据进行准确融合以确保其一致性与同步性仍是亟须解决的技术难题。

（二）监测精度和数据处理方面面临的挑战

工程监测通常对精度要求极高，尤其是在结构健康监测、沉降监测和变形监测方面，其数据精度直接关系到工程安全。传统监测方法，特别是大范围工程监测，其精度常因设备性能限制以及人工操作误差而受到影响，导致数据结果出现偏差。随着科技的发展，新型传感器和无人机等高科技手段不断涌现，使监测数据更加准确。然而，在复杂环境下如何稳定地保持高精度仍面临诸多挑战。

在某城市隧道建设工程中，监测团队采用无人机和 LiDAR 技术对隧道结构进行实时数据采集。传统传感器的精度因隧道内外环境温差较大而受到影响,导致数据出现误差。针对这一问题,项目组结合激光雷达与高精度 GNSS 系统,对隧道几何形态和位移进行精准测量,并将数据传输至后台分析平台,以便进一步修改和比较。该多传感器融合方案不仅提高了数据采集的准确性,还增强了系统对环境变化的适应能力。

此外,高精度监测设备在应对海量数据时也面临巨大挑战。工程监测,尤其是在大规模工程中,数据量极为庞大。如何高效处理这些数据并从中挖掘有价值的信息,成为技术团队面临的另一难点。传统的数据处理通常依赖人工分析,效率低下且数据冗余。现代数据处理技术,例如人工智能(AI)、机器学习(ML)和大数据分析,在监测数据处理过程中发挥着越来越重要的作用。通过 AI 算法,可以在海量数据中迅速发现异常情况并及时反馈信息,从而显著提升数据处理的速度和精度。

工程监测普遍存在的困难,集中表现为数据的获取和处理、精度控制和环境适应性。在工程项目规模日益扩大、技术手段不断更新的情况下,这些困难不仅对技术提出了更高要求,而且对项目管理者来说也是一种更加苛刻的考验。尽管无人机、物联网、大数据等新技术已逐步渗透到工程监测的各个环节,但如何在实际应用中最大化这些技术的优势,解决技术、环境以及人为因素导致的问题,依然是工程监测领域需要持续攻克的重大挑战。在科技不断进步的今天,工程监测将变得更高效、更准确、更智能。这不仅能够为工程项目的安全及质量提供可靠保障,而且还将对相关领域的可持续发展起到积极的促进作用。

四、无人机测绘在工程监测中的优势

如何对现代工程建设过程进行有效、准确、安全地监控始终是一个难题。特别是对于大型基础设施以及复杂地质条件的建设项目,监测工作既需要具有极高的精度,又要保证在繁忙、复杂且危险的环境下工作的持续性与高效性。传统的人工监测方法虽然在以往的工程项目中发挥了举足轻重的作用,但随着工程规模的扩大和技术手段的不断提升,这种方法的局限性也日益显现。无人机测绘技术的应用为工程监测行业带来了翻天覆地的变化。由于无人机具有灵活性、高效率以及高精度的特点,在许多工程监测项目中,无人机已经成为一种不可缺少的手段。本文将通过具体案例和情境分析,论述无人机测绘技术在工程监测中的优势,并解析其在提升工程效率、降低成本和保障安全性方面的核心价值。

(一)高效性和覆盖范围

无人机测绘应用于工程监测中的最大优势之一便是其高效性,尤其是在需要进行大面积监测的工程中,这一优势尤为突出。传统的地面测量方法通常需要耗费大量人力和物力,并且在地形复杂或危险的情况下,人工测量往往会受到严重限制。无人机能够在大范围内不受地形限制,迅速而灵活地完成全覆盖监测。在某大型高速公路建设监控工程中,传统地面测量需要多个工作人员耗费几周时间才能完成整个建设区域的高程、沉降及变形数据采集。而通过引入无人机,项目团队可以在几天内完成全部监测任务,所收集数据的准确性不仅可以媲美传统方法,甚至更具优势。在实际飞行操作中,无人机配备的激光雷达(LiDAR)传感器能够实时捕获地面及附近建筑的三维信息,并利用其内部的GNSS实现精准的位置定位。由于无人机能够在空中飞行并直接覆盖广泛区域,其工作效率和速度明显超过传统的人工测量方法。这一技术不仅显著提高了数据采集效率,还大幅降低了人员的工作强度和项目建设周期。

无人机测绘的高效性不仅体现在节省时间,还体现在其对复杂环境的适应能力。在某些传统测量难以实现的地区,例如高楼顶部、山地和深谷,无人机可以通过简易的起飞和降落快速进入这些区域进行监测,从而避开地面工作无法触及的盲点。这种高覆盖率和高效率使无人机在大范围复杂地形的工程监测中发挥着不可替代的作用。

(二)高精度和数据质量

除高效性外,无人机测绘应用于工程监测的另一核心优点是其提供的高精度数据。伴随着科技的进步,LiDAR、高清相机、多光谱成像技术等现代无人机所携带的传感器,其数据采集精度已可达到毫米级,足以满足大型基础设施工程对监测精度的严格要求。工程监测,特别是结构健康监测和沉降监测这类高精度任务,对数据精度的要求极为严格,稍有不慎就可能给工程带来严重隐患。以某大型桥梁建设项目为例,无人机携带LiDAR传感器能够准确扫描桥梁各部件,生成结构的三维模型。工程师们可以通过比较这些模型和设计数据,清楚地观察到每个桥梁构件上的细微变化,并及时发现潜在的结构问题。而传统人工测量可能会忽略这些微小变形,从而导致安全隐患的累积。通过无人机进行高精度测绘,工程团队能够及时发现这些变化,确保桥梁的长期稳定性。

另一实例是某城市地下管网项目,利用无人机测绘技术对地下管道进行精确定位与状态监测。无人机搭载高精度GNSS定位系统,可对大范围地区的管道位置及埋深进行准确校准,并为城市后期规划和管网维护提供可靠的基础数据。传统人工测量通常难以覆盖城市全境,且数据误差较大,而无人机可以在短时间内获取准确的空间数据,大幅提高监测数据的准确性与完整性。无人机测绘技术具有高效性和高精度的特点,在工程监测方面是一种不可忽视的重要手段。它在常规监测手段难以解决的大面积复杂环境下的优越性已日益被人们所利用。在交通基础设施、城市规划、灾后评估、环境监测等多个领域,越来越多的工程项目依靠无人机来收集和监控数据。无人机测绘以效率高、作业速度快、精度极高以及数据采集全面的特点,使其在工程监测中的作用愈发凸显。在科技不断进步的背景下，无人机测绘的应用场景将更加丰富，未来会有更多的产业从这场技术革命中获益，从而进一步促进现代工程监测技术的转型和发展。在智能化和自动化技术不断融合的背景下，无人机在工程监测中的优势也将愈加明显，推动工程安全、质量和效益的整体提升。

第二节 无人机在工程监测中的应用

一、结构健康监测

结构健康监测（SHM）在现代工程学中占据关键位置，尤其是在高层建筑、桥梁、隧道、飞机和船舶等大型复杂项目的建设和维护过程中。随着基础设施日趋复杂化以及长期使用过程中对安全要求的不断提高，传统的人工检查方法及周期性检测已无法满足实时性和高精度的要求。结构健康监测技术通过对结构进行持续、实时的监测，不仅可以及时发现结构缺陷并防止灾害发生，还可以显著提高结构的使用寿命及经济效益。伴随着传感器技术、数据处理技术以及无人机测绘等新技术的迅猛发展，结构健康监测已从实验室研究逐渐迈向实际应用，成为保障工程结构安全不可缺少的技术手段。本书将对结构健康监测相关内容进行深入探讨，分析其工作原理、应用领域以及所面临的挑战，并结合具体实例展现其在实际工程中的应用和价值。

（一）结构健康监测原理及技术手段

结构健康监测以收集结构各类动态数据并对其健康状态进行实时评价为核心目标。为实现这一目标，监测系统通常需要综合使用各种传感器，主要包括应变传感器、加速度计、温度传感器和位移传感器。这些传感器安装在结构的不同位置，通过收集数据反映结构在工作时所受的外部荷载、温度变化和振动情况。实时采集的数据会被传送至数据处理中心进行分析。通过数据处理，该系统能够判断结构是否存在裂缝、腐蚀和变形等问题，并提出修复建议。

就拿桥梁健康监测来说，现代桥梁多采用基于传感器的健康监测系统。这些系统在桥梁的关键位置，例如主梁、支座和桥面，安装传感器，以持续监控其承重能力和结构稳定性。数据采集系统能够实时获取桥梁的应变、位移和温度变化情况，并利用算法进行数据分析，以判断桥梁是否存在异常变形或疲劳损伤。某悬索桥加装高精度应变计与加速度计后，系统发现某桥面区域的应变值超过设定的安全阈值，随即自动报警，提醒维修人员及时排查，从而有效防止潜在的结构性损坏。

与此相伴的是科技的进步,无人机已经成为结构健康监测中的一种重要手段。无人机结合高精度摄像头及激光雷达,可实现桥梁及其他大型结构的整体扫描及数据采集。这些飞行平台可以在短时间内完成大面积结构检查工作,尤其是在传统方法难以触及的高空或复杂环境中,无人机可以提供详尽的三维模型数据,从而进一步提高监测的精度与效率。

(二)结构健康监测的应用领域及面临的现实挑战

结构健康监测技术已被广泛应用于各个领域,特别适用于桥梁、隧道、建筑、机场和铁路等重大基础设施项目,可以有效监测和延长项目的使用寿命。传统的结构监测方法通常依靠人工排查,效率较低且容易遗漏。而结构健康监测系统通过传感器、数据传输及处理技术,可以实时追踪结构使用寿命中的健康状况,及时发现并处理问题,从而避免灾难性事故的发生。

就拿机场跑道监控来说,机场是航运和运输的中心,其跑道安全至关重要。飞机起降频繁,气候变化对跑道结构产生了一定影响,常规人工检查方法无法对跑道损坏进行实时监控。监测系统通过设置应变传感器、压力传感器,可以实时获取跑道表面的受力状态和结构健康信息。当检测到跑道表面存在裂纹,或出现沉降或者变形异常状况时,系统会发出报警,并提示相关人员及时维修。结构健康监测技术在实践中同样面临诸多挑战。

首先是数据的收集和处理。在传感器数量不断增加的情况下,如何对海量数据进行管理与处理已成为一个重大的技术问题。特别是对于大型基础设施项目,监测数据的实时性和准确性要求极高,数据传输和分析处理必须迅速且准确。其次,环境因素对监测系统也是一种挑战。温度、湿度、风速等环境因素都会影响传感器的工作状态,如何确保传感器在复杂环境下的稳定性与可靠性是另一个重要考验。在对一座大型建筑物进行健康监测时,外界极端天气条件可能威胁传感器的长期稳定工作,因此研究团队需定期对设备进行标定,并做好防护措施,以保证监测数据的准确性。

结构健康监测是现代工程建设中的一项重要技术手段,在很大程度上促进了工程安全性与管理效率的提高。利用先进的传感器及数据分析技术对结构进行健康监测,既能实时跟踪项目状态,又能在问题出现前及时报警,有效降低了项目灾难的风险。这种技术在桥梁、隧道、机场等核心基础建设领域的应用,已经展现出其不可替代的重要性。伴随着科技的进步,结构健康监测仍然面临数据处理和设备稳定性的问题。然而,随着物联网、大数据和人工智能的深入结合,结构健康监测必将变得更加智能化和高效化,并成为确保现代工程安全和延长结构寿命的核心技术。

二、沉降与变形监测

沉降和变形监测是现代工程项目中,尤其是在复杂地质环境或承载重物的基础设施建设中的关键环节。无论是城市地下工程、高速公路地基建设,还是高层建筑和桥梁等大型结构,沉降和变形问题都是影响结构安全性的核心因素。传统监测方法通常依赖人工检查和局部测量,这种方式不仅效率低下,还容易受到人为误差及环境干扰的影响。随着科技的不断发展,尤其是无人机和激光雷达(LiDAR)等高精度测量工具的出现,沉降和变形监测方法取得了革命性的进步。这些新型技术能够提供实时、准确的空间数据,使监测过程不仅效率更高,还能捕捉更多细微变化,从而为项目的安全管理与维修提供可靠的技术支持。本书将深入探讨沉降和变形监测的技术手段,分析其在实际项目中的应用,并结合具体实例阐明这些技术如何应对现代工程项目所带来的各种挑战。

(一)沉降和变形监测技术

沉降和变形监测的核心目标是对地面或结构物在施工或运行期间产生的形变进行实时追踪和准确测量,以确保项目不超过设计承载能力,并规避安全隐患。随着科技的不断进步,尤其是无人机和遥感技术的快速发展,沉降和变形监测逐步迈入了一个崭新的阶段。传统监测工作通常依赖全站仪和激光扫描进行点对点逐一排查,这种方式效率较低,且容易受到人为因素的干扰。然而,现代监测系统通过布设传感器、整合大数据分析平台,并利用无人机进行航拍,能够更加全面、实时地获取监测数据。特别是在对大面积区域进行监测时,这些技术的优势更加显著。

采用 GNSS(全球导航卫星系统)技术进行沉降监测已被认为是标准方法之一。通过在工程现场的几个关键点布设高精度 GNSS 接收器,可以持续跟踪这些点位的位移,并实时获取沉降及变形数据。该方法特别适用于大面积地面监测,例如城市大型土建工程或桥梁沉降检测。将这些数据定期记录下来,并与历史数据进行比较,可以精确评估沉降速率及其对结构安全的影响。激光雷达(LiDAR)技术在广泛的地表扫描中得到了应用,它可以精确测定地面或建筑物的三维形态变化,已成为现代工程监测的关键组成部分。

在某大型铁路建设项目中,课题组采用联合地面 GNSS 监测和无人机激光雷达扫描的手段,对施工区域的沉降变形进行监测。利用无人机进行实时拍摄,生成高精度三维模型,工程师可以直观地确定地面不均匀沉降的范围,并将模型和设计数据进行对比分析,从而评估对铁路基础设施可能造成的影响。这一方法不仅提高了监测效率,还极大地提升了数据的精确度,确保了施工过程中风险的有效控制。

(二)沉降和变形监测的应用案例及挑战

在许多实际项目中,沉降和变形监测既关系到结构的安全性,又关系到后期养护、维修和长期运行的效益。以跨江大桥施工项目为例,伴随大桥施工,工程队持续开展沉降及变形监测工作,确保大桥地基的稳定性及主结构的安全性。该监测系统通过布置若干高精度传感器,并配合无人机航拍、LiDAR 扫描技术,能够实时捕捉桥梁下部支撑系统微小位移的变化。在数据分析中发现某一支撑点沉降超过设计标准后,该系统立即启动预警机制,要求项目团队迅速对结构进行加固,以避免发生结构性破坏。

尽管沉降与变形监测技术不断进步,实际应用中依然存在诸多挑战。数据的传输与处理速度仍然是一个瓶颈,特别是对于大规模监测项目,实时采集数据如何快速传输至数据中心进行处理并及时反馈是亟须解决的难题。尤其是在远程地区或恶劣天气条件下,数据传输可能受到严重干扰,从而对监测的及时性和可靠性造成影响。如何有效整合各种传感器和数据来源的成果,并通过智能算法精确识别沉降和变形趋势,也是技术上的难点。某地下停车场沉降监测研究小组采用 LiDAR 与传统沉降点监测相结合的方法,但二者的数据准确性与更新频率存在差异。如何高效集成这些数据并进行准确的变形分析,需要强大的数据处理能力与算法支持。

沉降及变形监测对工程建设具有重要作用,特别是在地质环境复杂、构造规模大的工程中,监测技术的发展为工程安全、质量及进度控制提供了有力保障。利用无人机、激光雷达(LiDAR)技术和 GNSS 先进技术,沉降和变形的监测不仅变得更加高效和精确,还实现了大规模、高频率的监测。尽管技术不断发展,如何有效解决数据传输、处理与融合的难题,依然是这一领域面临的挑战。伴随着科技的不断革新,特别是5G、大数据以及人工智能技术的应用,未来沉降及变形监测工作将更加智能化、自动化,为现代工程建设提供更可靠的数据支撑。

三、灾后评估与修复监测

灾后评估及修复监测对于灾害管理具有重要意义,尤其是当地震、洪水、滑坡等自然灾害发生时,迅速对受灾地区进行评估并实施有效恢复措施,可大大降低人员伤亡及财产损失。传统的灾后评估方法通常依靠人工调查和目视检查进行,评估效率较低且容易遗漏潜在的安全隐患。随着科技的发展,特别是无人机测绘技术、激光雷达(LiDAR)和遥感技术的应用,灾后评估和修复监测进入了新时代。这些技术不仅提高了评估的准确性与实时性,还为复杂或危险环境提供了更全面、更详实的数据支持。本书将探讨无人机测绘技术在灾后评估和修复监测中的应用,分析该技术如何突破传统方法的局限性,并结合具体实例论证其在实际灾后修复作业中的优越性。

（一）灾后评估现状和无人机技术功能

灾后评估通常需要在最短的时间内对受灾地区开展全面调查和数据采集工作，以评估灾害造成的直接损失、基础设施受损程度以及对社会及环境产生的长期影响。传统的灾后评估方法，如现场手工检查、使用传统测量工具和手持设备，虽然可以为灾后评估提供一定的数据支持，但在灾害发生后的第一时间，其反应速度和覆盖范围方面存在明显不足。尤其是在经历地震或洪水灾害后，许多地区交通受限，人工检查和传统工具通常难以快速提供完整的现场资料。

无人机技术的提出使灾后评估发生了革命性变革。无人机能够在短时间内飞越灾区，并携带高分辨率相机、LiDAR传感器或红外成像设备，获取大面积、高精度的灾后数据。在一次地震发生之后，灾区城市的基础设施通常会受到严重损害。传统评估方法需要几天时间才能完成对道路、建筑物及桥梁损伤的调查工作，而无人机技术可以快速完成全市范围内的航拍任务，生成高精度三维模型及高清影像，并实时传送至灾后指挥中心。评估团队利用这些信息可以准确确定受损区域，并迅速拟定抢险方案，从而尽量避免后续安全事故的发生。

无人机应用于灾后评估的优越性不仅体现在数据采集速度快，还体现在其高分辨率和高精度的特点。震后的地面裂缝、建筑物的倾斜度和桥梁支座的位移等细微变形，往往难以通过常规检查方法感知。而无人机携带的LiDAR传感器可以提供精确的三维点云数据，其精度可达到毫米级。这使得无人机能够实时捕捉结构的微小变形和表面裂缝，为后续维修工作提供科学依据。

（二）修复监测应用及技术挑战内容

灾后修复监测旨在保障灾后修复工作的高效性和安全性。灾后恢复工作不仅需要恢复受损的基础设施，还应优化未来同类灾害的防范措施。这要求在修复过程中对修复效果进行精准监控，以确保每项修复工作达到安全标准和工程要求。传统的修复监测方式通常依赖人工巡检和静态测量，但在执行大规模修复任务时，这些方式不仅工作量大，而且结果难以量化，且缺乏实时反馈。

将无人机应用于灾后修复监测，可以克服上述缺点。监测人员可通过无人机搭载不同传感器实时采集修复工作的动态数据。例如，在一次洪水灾害中，受灾地区的道路和桥梁设施损毁严重。在修复工作完成后，利用无人机持续监控修复过程，可以实时提供修复进度和修复质量的信息。无人机通过获取高分辨率图像，制作完整的三维模型，并结合激光雷达数据，对修复区域进行精确测量，包括沉降和变形信息，为工程后期验收提供数据支撑。该方法使修复监测不再停留于传统意义上的"静态检查"，而是形成一个实时动态的质量评价体系，从而确保各个环节的质量能够被及时评估和改进。

无人机虽然在灾后修复监测方面展现出极大优势，但仍面临技术上的挑战。飞行平台的稳定性与环境适应性仍是一个难题。灾后环境通常较为复杂，特别是在受灾区域内可能存在更多障碍物或气候条件的不稳定，这些因素对无人机的飞行安全提出了更高的要求。数据处理效率低、精度不足也是一个重要问题。灾后评估和修复过程中采集的数据量通常较大，如何确保数据的高精度处理和快速反馈是制约无人机应用的技术瓶颈。将实时数据传输和云计算、大数据分析平台相结合，已成为提高灾后评估和修复监测效率的重要解决方案。

将无人机技术应用于灾后评估和修复监测，可以突破传统监测方法的限制，为评估和修复提供有效、准确且实时的技术支撑。利用无人机携带的多种传感器，能够快速对灾区进行综合评价，及时获取灾后数据，为灾后修复提供科学依据。尤其是在灾后紧急响应时，无人机可以迅速进入受限区域，为救援队伍提供有价值的空间数据。尽管在技术实施过程中仍面临环境适应性和数据处理方面的挑战，但随着技术的不断进步和创新，未来无人机将在灾后评估与修复监测中发挥更大的作用。结合大数据和人工智能技术，灾后监测将更加智能化和自动化，从而促进灾后响应及修复的高效完成，为社会灾后恢复及可持续发展奠定坚实的技术基础。

四、实时监测与动态反馈

现代工程建设及运行中，实时监测及动态反馈已成为促进工程安全、高效、可持续发展的关键手段。随着建筑规模的不断扩大、环境条件的日益复杂以及技术手段的逐步提升，传统监测方法已无法满足日益苛刻的需求。以往的监测方式通常依赖人工检查或周期性测量手段，难以实时捕捉突发性变化或复杂环境下出现的微妙问题。实时监测技术应运而生，为这一难题提供了一种行之有效的解决方案。特别是通过整合先进传感器、物联网、大数据分析以及自动化控制系统技术，实时监测不仅能够提供高精度的数据支持，还能为工程管理者提供即时反馈，并对出现的风险迅速作出反应。本书将对工程项目中的实时监测与动态反馈技术进行深入探讨，分析这些技术在提高安全性、优化管理以及降低风险方面的重要价值，并通过实际案例展现这些技术的应用效果及发展前景。

（一）实时监测技术的应用情况及优点

实时监测技术的核心在于通过各种传感器、物联网设备以及数据平台实现工程项目的动态跟踪与实时数据采集。在建筑、桥梁、隧道、道路等复杂项目中，实时监测系统可以通过嵌入式传感器及自动化数据处理平台对项目各项参数进行连续跟踪，从而为项目各环节提供准确的数据支持。这些数据涵盖结构健康、环境变化以及设备运行等多个方面，对工程的安全、进度和质量控制具有极其重要的基础性作用。

在某市大型桥梁施工工程中，课题组利用以传感器为核心的实时监测系统对桥梁的变形、沉降、应力和温度进行实时数据采集。监测系统将上述数据经无线网络传输至控制中心，由大数据分析平台进行处理。当监测数据超过设定的安全阈值时，该系统会立即报警，并提醒相关人员采取适当措施。在该工程中，实时监测系统成功预测桥梁某段发生过度沉降，工程团队通过动态反馈及时调整施工方案，从而避免结构损害及经济损失。该案例不仅展示了实时监测技术的巨大作用，还突显了其在工程项目中，尤其是在风险管理和应急响应方面的不可替代性。

实时监测技术相比传统人工检测方法更加灵活，应急反应速度更快。传统的监测方法通常只能在特定时间点提供数据，而实时监测技术能够通过持续不断的监测，确保及时捕捉任何异常变化。特别是在极端天气或紧急情况下，实时监测技术能够提供及时的反馈和解决方案。这种高效、准确的数据采集与即时反馈不仅极大提升了项目的安全性，还有效降低事故发生的概率。

（二）动态反馈与决策支持

动态反馈作为实时监测技术中的一个核心优势，不仅能够在检测问题后及时报警，还能够提供解决方案，优化决策过程，从而使工程项目管理更加科学化和智能化。传统工程管理通常需要在工程结束后的一段时间内才能对监测数据进行采集、分析与反馈，这种延迟使工程管理者无法迅速处理问题，甚至可能错过最佳处理时机。引入动态反馈后，监测系统不再仅仅是一个简单的数据收集工具，而是转变为一个智能化的决策支持系统，能够为工程管理人员提供实时的风险预测和方案优化服务。

在某高层建筑施工过程中，工程小组采用动态反馈系统对建筑基础沉降、结构变形和温度变化情况进行实时监控。施工中因地基承载能力不足，导致一定范围内出现较小沉降，该系统随即通过动态反馈方式向现场管理人员传达这一变化，并提出加固措施。更重要的是，该系统提供多个修正方案，协助管理人员根据现状迅速选择最适合的方案，从而节约大量时间与资源。如果未进行实时动态反馈，可能错失最佳加固时机，导致更为严重的工程问题。

实时监测和动态反馈相结合，提高了工作效率，优化了决策，同时也大大减少了人为错误。传统工程管理一般依靠人工分析及判断，而实时监测系统在大数据及智能算法的支持下，可以通过更有效、科学的手段提供决策支持。动态反馈可以提供施工期间环境变化的实时数据，有利于管理人员对施工进度及策略进行适时调整，以降低因环境突变和材料问题造成的工期延误。通过该体系，管理层可以清晰了解各阶段的进展情况，并根据反馈数据适时作出决策，从而规避因决策失误导致的风险。

将实时监测和动态反馈技术运用于现代工程，表明工程管理已步入智能化和数据驱动的新时代。实时监测技术通过有效的数据采集及即时反馈，大大提高了工程管理的效率及安全性，既可为项目进度控制提供数据支持，又可为风险预警及应急处理提供保障。通过合理运用实时监测技术和动态反馈系统，工程管理者能够更准确地控制工程质量、进度和安全，从而优化决策流程，提高整个工程的执行力。在人工智能和物联网深入发展的背景下，实时监测和动态反馈将变得越来越智能化和自动化，从而为工程项目的成功开展提供更稳固的技术支持。这项技术的推广与深入必然会推动工程管理迈向更高效、更准确、更安全的新时代。

第三节 无人机在施工现场监测中的实施策略

一、施工现场监测任务的特点

施工现场监测任务在建筑工程中起着至关重要的作用，不仅关系到项目的顺利实施，还直接影响项目的质量与施工安全。在建筑行业快速发展的今天，施工现场的规模逐步扩大，施工任务的复杂程度也日益提高。现场监测工作因此变得更加繁重且充满挑战。监测的目的在于确保施工过程各个环节达到安全标准，并在保证施工材料及构件使用质量的前提下，预防施工过程中可能出现的风险与危害。为实现上述目标，施工现场监测需要结合现代化技术手段，根据现场实际情况灵活处理。在本书中，笔者将详细论述施工现场监测任务的特点，分析其中存在的技术挑战及解决方案，并通过具体案例进一步说明如何提高施工监测的效率及质量。

（一）施工现场监测任务多样复杂

施工现场监测任务呈现多样性，不仅体现为监测内容类型多样，还反映监测任务的时间和空间需求。某典型建筑项目施工现场监测需同时完成多项任务，其中包括土壤与地基沉降监测、结构变形监测、环境温湿度变化跟踪以及施工材料质量检查。每项监测任务均需准确进行数据收集与实时反馈，以确保施工过程不偏离设计要求或安全标准。

以某高层建筑施工工程为例，其监测任务主要包括地基沉降、混凝土结构应力测试和钢筋腐蚀度监控几个方面。在完成上述结构性监测任务的同时，还须开展环境监控工作，尤其要关注温度、湿度以及风速对施工进度和施工质量的影响。在如此繁杂的监测任务下，如何将多种传感器与监测设备协同工作成为一个技术难题。传统监测方式通常依靠人工巡检，而现代监测技术则通过自动化设备与实时数据传输来提升监测效率与精确度。实际运行中，通过采用全站仪、激光扫描仪和温湿度传感器，可实现施工环境的多方向、实时监测，有效规避传统人工巡检的疏漏与错误。

施工现场监测任务对时效性有很高的要求。在建筑施工迅速发展的今天，监测任务不仅要求在较短的时间内完成，还须及时反馈成果。这既需要高效率的数据采集，又需要及时的数据传输与处理。在一个大型桥梁建设项目中，必须对桥面承载能力以及结构稳定性进行及时监控，而任何拖延的反馈都会给建设过程带来不必要的隐患。传统周期性检查已不能适应现代高强度施工要求，实时数据采集与动态反馈系统因此应运而生。借助无人机、激光雷达以及传感器，施工现场各类数据可在数分钟内传送至监控中心进行实时分析与应急响应，以确保施工顺利开展。

（二）施工现场监测和技术进步所面临的挑战

施工现场监测所面临的挑战，除了任务的多样性与复杂性之外，还涉及环境适应性、技术设备可靠性与数据整合能力等诸多因素。由于施工现场作业环境通常较为复杂，监测设备不仅需要具备高精度、高稳定性的特点，还必须能够适应野外恶劣工况。尤其是在某些偏远地区或极端天气环境中，监测设备的抗干扰能力、数据传输能力以及设备耐用性直接影响监测工作的开展效果。在某山区公路施工项目中，由于地形复杂、气候变化大的影响，常规测量设备无法满足长期户外使用的需求，并且在遭遇恶劣天气时，数据传输也不够稳定。本课题小组引进了先进的传感器及数据传输系统，利用卫星通信和边缘计算技术，确保即使在信号较差的山区，也能将监测数据实时回传至管理中心。通过采用新型无线传感器以及能够抵御高温和强风天气扰动的装置，工程小组成功解决施工现场监测环境适应性难题，从而确保监测数据的高质量与实时性。

施工现场监测还面临如何有效集成与处理不同传感器数据的挑战。随着智能化设备在建筑工程中的广泛应用，数据量和数据种类呈现爆炸式增长。如何在海量数据中挖掘出有效信息并迅速反馈监测结果，已成为技术人员亟须重点研究的课题。在某大型住宅项目施工期间，监测系统汇总了全站仪、无人机、温湿度传感器等各类设备的数据，并利用数据融合与大数据分析技术生成全过程动态报告。该系统不仅帮助项目管理者实时了解施工进度及环境变化情况，还能根据分析结果预测未来数天内的施工情况，从而为决策者提供科学依据。这一数据整合功能代表施工现场监测技术发展的重要方向。

施工现场监测的任务特点决定了它是建筑工程中不可或缺的重要环节。从多样性及复杂性挑战到环境适应性、技术设备可靠性及数据整合，施工现场监测不仅需要高精度的技术手段，还依赖现代技术的不断进步，才能克服各种困难。伴随着无人机、激光雷达传感器技术以及大数据分析技术的广泛应用，现代施工现场监测不仅变得越来越高效、准确，还使施工管理愈加智能化，数据驱动能力愈发强大。尽管面临诸多挑战，施工现场监测的未来发展方向显然是朝着更实时、更自动化和更智能化的方向迈进。在越来越多创新技术不断引入的情况下，施工现场监测将变得更加全面，从而进一步确保项目的安全、质量和进度，促进建筑行业的持续发展与提升。

二、飞行计划与监测方案设计

在现代建筑与工程项目中，监测技术的应用已逐步成为保障安全、质量以及进度控制不可缺少的一部分。随着无人机技术的快速发展，制定飞行计划及监测方案不仅是执行高效数据采集工作的依据，更关乎项目监测工作的整体质量及准确性。尤其是在施工环境复杂、监测区域广泛的情况下，合理的飞行计划与精准的监测方案显得尤为重要。在编制飞行计划时，既要综合考虑场地地理环境因素，又要纳入工程进度与安全要求；在设计监测方案时，需要确保在指定时间段内获取高质量的数据，同时尽可能降低外部因素的影响。本书将对飞行计划及监测方案设计的核心要素进行论述，并结合具体案例分析，明确如何结合现场条件与项目需求设计满足要求的飞行计划及监测方案，同时进一步探讨设计过程中面临的挑战与应对策略。

（一）制定和优化飞行计划

飞行计划作为无人机测绘的重要前提条件，不仅决定飞行效率的高低，还直接关系到数据采集质量及后续加工的准确性。在设计飞行计划时，需要详细了解监测区域，包括地理环境、障碍物分布和天气条件对飞行可能产生的影响。一个合理的飞行策略应在众多复杂因素中找到平衡点，以确保无人机能够以高效且安全的方式完成任务。尤其对于城市建筑、桥梁以及高层建筑等复杂环境，在制定飞行计划时更需重点考虑飞行安全性与路径优化问题。

某高层建筑施工现场监控工程中，飞行计划的制定需要确保无人机能够全面覆盖施工区域，同时规避塔吊、建筑外立面潜在障碍物及临时结构。项目团队在实际工作中将利用航测软件建立场地内建筑物的三维模型，并根据建筑物的高度和外形特点制定合理的飞行路径。为保证飞行安全及资料完整性，通常将飞行路径设计为平行与垂直交替的航路，以确保各监测点均能覆盖，避免资料漏报或重复获取。在某大型商业楼施工的无人机成图任务中，飞行计划需准确设计为覆盖整个建筑区域的方案，并结合风速和天气变化因素实时调整，以确保每次飞行的安全性和有效性。

优化飞行计划不仅需要合理安排飞行路径，还需兼顾无人机的飞行能力与电池续航。在长期大面积测绘任务中，无人机电池续航对飞行时间具有重要制约作用。为了延长飞行时间，飞行计划通常设计为多次短时间飞行，并在每次飞行间隙更换电池或为电池充电。此方法能够有效避免因电池电量耗尽导致无人机中途迫降，从而确保数据连续性和完整性，同时满足飞行精度要求。

(二)监测方案设计及数据采集的准确性

为了确保数据采集的质量和准确性,监测方案的构建显得尤为关键。合理设计监测方案应综合考虑测量目标、要求精度、监测时间以及环境条件和野外具体需求,建立科学的监测流程。该监测方案以保证无人机在飞行中有效采集有用的数据为核心目标,为后续的数据分析和处理提供准确且可利用的依据。具体应用时,监测方案通常从传感器选型入手。不同监测任务对传感器的需求各不相同,因此选择适合的传感器对于数据采集至关重要。在地形测绘中,激光雷达(LiDAR)传感器通常用于获取高精度的三维点云数据;而在建筑物监测中,高分辨率的摄影设备则更适合获取细节图像。在某高速公路监控工程中,课题组将无人机携带的RGB相机和LiDAR传感器联合使用,以同一航路获取高分辨率影像和准确的地面高程数据,然后将两类数据相结合进行精确建模,以确保整个工程的监测精度。

监测方案除了传感器选型之外,还需根据工程项目的具体要求对数据采集频率及采集时间进行调整。在建筑施工中,结构变形与沉降监测需求较大,监测团队根据施工进度制定定期监测周期,以确保每一个关键时刻的数据都能得到及时记录与分析。在某大型隧道施工工程中,课题组使用无人机对隧道内外进行定期监控,并通过高频次的数据采集,确保施工期间的变形迹象能够随时被检测到,从而避免因沉降问题导致安全事故。

在确保无人机测绘技术在施工现场监测中高效、准确地运用时,飞行计划和监测方案的制定至关重要。在制定飞行计划时,需要综合考虑场地的特定环境以及技术要求,并通过合理规划飞行路径和管理飞行时间,确保数据采集工作全面有效。而监测方案的设计则需依据传感器选型和数据采集频率,以保证所采集的数据能够达到工程精度要求,为后续的分析与修复工作提供可靠的基础。伴随科技的进步,飞行计划与监测方案的设计将变得越来越智能化与自动化,从而为工程项目的安全与质量控制提供更加坚实的技术保障。

三、数据采集与监测设备的选择

数据采集及监测设备选型是工程监测中确保数据质量、效率及精度的关键环节。伴随着现代技术的持续进步,监测设备的类型与性能不断优化,为人们提供更加多样化的选择,尤其适用于建筑、桥梁、道路以及其他大型工程项目。如何根据具体工作任务选用适当的设备,成为保证监测工作顺利进行的核心问题。数据采集及监测设备的选型不仅会影响监测工作的精确度,还会直接影响后续数据分析的准确性,从而对工程进度与安全管理产生重要影响。通过合理的设备选型,可以减少误差、提高数据处理效率,同时降低人工干预和人为错误的风险。本书将深入探讨数据采集及监测设备的选型原则及策略,并结合具体应用案例,分析如何借助先进技术为不同工程监测任务提供准确可靠的数据支撑。

(一)数据采集中关键设备的选型

数据采集设备是整个监测系统的核心部件,其性能直接决定采集数据的准确性与可靠性。不同监测任务所需的设备各不相同,设备选型需结合工程特点进行定制化选择。数据采集设备包括各类传感器、摄像设备以及高精度定位设备。选择适当的设备意味着能够在各种环境中获取优质的监测数据,从而确保工程安全和进度的顺利推进。

一项建筑施工项目中,地基沉降监测是必须开展的工作内容之一。传统的监测方式如水准仪和标杆测量方法,虽然过去应用较多,但效率低下且易受环境因素干扰。随着激光雷达(LiDAR)和全球导航卫星系统(GNSS)技术的持续进步,现代数据采集设备能够在不接触地面的前提下实时收集高度精确的数据。GNSS设备通过在施工区域内布设多个基站,可实时测量沉降变化情况,并提供毫米级精度的沉降数据。这种方法不仅提高了测量效率,还能通过实时监测向施工团队提供连续反馈,帮助施工团队及时调整施工策略,从而规避因地基沉降可能引发的安全隐患。

在结构健康监测方面,选用适当的传感器同样是至关重要的环节。例如,在对高层建筑进行结构变形监测时,可选用应变传感器及加速度计。应变传感器能够精确捕捉结构部位的微小变形,而加速度计适用于监测建筑物在地震和风力等外力作用下的动态响应。某栋高层住宅楼的监测工程采用了综合应变传感器及加速度计等设备,使监测系统既能采集静态数据,又能采集动态数据,并综合分析建筑的各个细节。多传感器的联合使用不仅保证了高精度,还提升了监测数据的全面性,从而进一步减少潜在的安全隐患。

(二)监测设备选择的基础和挑战

实际项目中,监测设备的选型不仅涉及技术层面的考虑,更是成本效益与环境适应性之间的多重权衡。在选用设备时,应综合考虑其准确性和适用性。项目需求的差异决定所需设备的种类及精度要求。对于高风险区域内的桥梁或隧道项目,必须选用能够处理极端情况的高精度设备,以确保监测结果的准确可靠。某桥梁修复项目提供了一个典型实例。在桥梁修复期间,团队需要对桥面的沉降、变形以及裂缝的扩展情况进行实时监控。为保证测量数据的高精度和高稳定性,课题组采用了激光扫描仪、光纤传感器及其他多种装置相结合的方案。这些装置可以对全桥进行高频次监控,并通过无线传输方式实时回传数据至监控中心供分析使用。然而,这些装置虽然具有高精度和高稳定性的特点,但由于桥梁所处环境的复杂性以及周边电磁干扰源众多,数据传输过程中可能出现延迟或数据丢失的情况。因此，在挑选此类设备时，团队还需重点考虑设备的抗干扰能力以及其在复杂环境中的性能表现。

设备对环境的适应性在选型过程中也必须加以重视。施工现场经常会遇到极端天气，如强风、低温或高湿环境，这些条件可能对设备的工作状态造成影响。在某地区修建公路项目时，由于海拔高、天气复杂等因素，常规设备在上述极端条件下无法保持稳定运行。工程团队决定采用具有防水、防风和防尘特点的便携式测量装置，该设备不仅能够适应复杂环境，还具备较长的续航能力，以确保工程的持续监控。此外，研究团队还专门配置了太阳能电池板，以确保该装置在无电源的偏远地区能够稳定运行，从而最终保证数据采集的持续稳定性。

在保证工程项目顺利实施的过程中，数据采集和监测设备的选型至关重要。在科技不断进步的今天，要挑选适合的设备，不仅需要依靠传统经验，还须结合具体工程需求进行深入分析，以确保设备的准确性、适用性以及对环境的适应性。通过对设备的合理选择，可以显著提升监测数据的质量及效率，从而为工程项目的安全、质量控制以及进度管理提供可靠保障。在未来科技不断革新的背景下，数据采集与监测设备将变得越来越智能化和高效化。而未来的工程监测不仅局限于捕获物理参数，还必将发展成为一个综合、动态、智能化的决策支持系统，推动工程行业朝着更准确、更安全、更高效的方向迈进。

四、监测数据的分析与处理

在现代工程监测领域中，数据的采集与处理已成为保障工程顺利实施的关键环节。伴随着科技的进步，特别是物联网、传感器技术以及人工智能技术的应用，监测数据的类型日益丰富，数量也不断增加。简单的数据采集虽然能够提供监测所需的原始材料，但如何从海量数据中挖掘出宝贵的信息并转化为决策支持，是当前工程监测面临的重要难题之一。对监测数据进行分析和处理不仅需要高度的技术精确性，还必须全面考量数据的时效性、可靠性，以及如何与其他系统和解决方案进行有效整合。采用合理的数据处理与分析方法，可以使监测数据不仅是监控指标的简单记录，更能够为工程安全、质量控制、预警机制及决策支持提供实时、准确的信息。本书将对监测数据分析处理的技术方法及其应用进行论述，并结合具体实例论证如何通过数据处理提升工程监测的价值。

（一）监测数据处理和分析技术

在工程监测过程中，对数据进行处理和分析的作用愈发凸显，不仅有助于监测人员判读数据、发现潜在风险，还能够实时为工程管理提供决策支持。监测数据处理过程通常包括数据清洗、预处理、分析建模等多个环节。数据清洗是指对收集到的数据进行去噪、校正和补充处理，以确保数据的有效性和可靠性。由于现场采集时监测设备可能受到外界干扰或技术问题的影响而导致数据出错，数据清洗可以有效排除这些问题，确保后续加工不受影响。在某城市地铁施工项目中，课题组利用高密度地面沉降监测技术，布设多个激光扫描仪及倾斜传感器，以获取施工区域的实时数据。受现场复杂环境的影响，一些传感器可能受到电磁干扰，导致数据出现异常波动。针对这一问题，课题组首先对数据进行去噪处理，并采用多重过滤算法去除异常值，以确保数据的准确性。经过处理后，获得稳定且可供分析使用的资料，为后续的沉降分析及修复方案提供可靠依据。

预处理主要是将数据标准化、格式化，以便后续加工和分析。对于不同传感器采集的数据，需要统一其单位及维度，并通过插值处理弥补缺失值。数据分析的目的是根据分析目标，使用适当的算法对数据进行建模和推导，以识别存在的趋势、异常或问题。以某桥梁健康监测为例，在数据分析中，本课题组采用时序分析法与多变量回归分析相结合的方法，对该桥的变形数据建立模型，并通过该模型判定该桥是否发生过度变形或沉降。通过上述分析，既可以为项目管理者提供精确的安全评估，又可以预先识别存在的结构性问题，从而为项目的后期维修与维护提供数据支撑。随着人工智能和机器学习技术的发展，监测数据的智能分析方法日益增多。例如，利用深度学习模型可以识别建筑物的微小裂缝，判断材料的疲劳状态，从而进一步提高数据分析的准确性与智能化水平。

（二）实时监控和动态数据反馈

在工程监测数据分析中，实时监控和动态数据反馈是一个重要的应用领域。传统的监测通常会出现数据分析滞后于数据采集的情况，导致无法在最短时间内发现和应对潜在风险。然而，现代监测系统借助实时数据传输及处理技术，可以实现对数据的即时分析及反馈，极大提升决策的时效性及准确性。实时数据反馈不仅能够及时发现施工过程中存在的各种问题，还能通过自动化警报系统迅速向现场管理人员传达异常信息，确保反应迅速、恢复及时。某高速公路施工项目的监测系统利用传感器实时监测道路沉降、裂缝及交通负载。该系统与施工进度管理系统相结合，可对道路沉降情况及施工中出现的地基问题进行实时反馈，并提前发出警告，从而避免因地基不稳引发施工事故。通过动态反馈数据，项目管理团队能够在建设期间调整施工方法，以减少建设过程中可能发生的各种风险。

实时监控和动态反馈还能够显著提高整个工程监测的效率。在一些高风险地区，监测人员往往难以及时进入现场开展人工检查工作，尤其是在高层建筑或桥梁等不易触及的地方。该监测系统通过无人机与传感器的结合，可实时采集目标区域内的数据，并通过云平台传输至控制中心。在这一过程中，云计算和大数据分析技术使监测数据的实时传输与处理更加高效稳定。

　　监测数据分析处理技术在现代工程监测中变得越来越重要。在数据量不断增加、监测环境越来越复杂的情况下，传统的分析方法已无法满足当前需求。智能化、高效的数据处理技术成为提升工程监测精度与效率的关键。通过有效的数据清洗、标准化分析建模以及动态反馈手段，监测数据不仅能够为工程安全与质量管理提供科学依据，还可以实现潜在风险的早期预警。综合运用无人机技术、大数据分析与人工智能等新兴技术对监测数据进行实时反馈与动态分析，将成为未来工程管理中的重要发展方向，推动工程项目管理智能化、自动化进程的深入发展。在科技日益进步的今天，数据分析与处理技术将为更多工程项目提供强有力的技术支持，保障工程在安全、质量以及进度方面的高效、平稳推进。

第四节 工程监测中无人机技术的挑战与解决方案

一、监测精度与可靠性的挑战

　　现代工程建设中，监测精度与可靠性是保证工程顺利实施的关键之一。无论是对建筑结构进行健康监测，还是对桥梁、隧道等基础设施进行运营安全监测，准确的监测数据都能及时发现潜在隐患并预防事故发生。在工程项目规模不断扩大、技术手段不断提高的情况下，对监测精度和可靠性的要求也日益提高。在进行数据采集时，无论是受环境因素、设备限制，还是技术不够完善的影响，监测系统都会存在不同程度的误差与不稳定性。这些问题不仅影响监测结果的精度，还会对项目的安全性及成本效益产生不利影响。因此，增强监测精度与可靠性以及优化相关技术手段，已成为工程监测领域亟须解决的难点问题。本书将对监测精度和可靠性所面临的挑战进行深入探讨，并结合具体案例分析，说明如何应对这些挑战，以促进工程监测系统整体性能的提升。

　　（一）环境因素对监测精度和可靠性的影响

　　环境因素对监测精度与可靠性具有重要的外部影响。工程监测通常在复杂的自然环境下进行，而环境条件的变化会直接影响数据采集设备的运行稳定性及传感器的工作状态。温度、湿度、风速、降水等气象因素对测量结果均有不同程度的干扰，从而影响监测数据的准确性与可靠性。在暴雨、强风、极寒或高温等恶劣气候条件下，监测设备的工作性能可能受到损害，导致数据丢失或产生误差。

在某城市的地下管道健康监测项目中，由于施工地点地形复杂，加之该地区长期受到强风天气的影响，地面传感器受到较大的干扰，这导致部分沉降数据的采集出现偏差。为解决这一难题，项目组对传感器进行了优化，采用抗风和防水设备外壳，并调节数据采集频率，以避免因数据采集过多导致错误。该团队还整合了多种传感器和监测工具，例如激光雷达（LiDAR）和无人机搭载的传感器。通过采用多源数据融合技术，并比较不同设备的数据，成功减少环境因素对监测结果的影响，从而提高监测结果的可靠性和准确性。

此外，环境因素的改变也给监测设备的长期稳定运行带来严峻挑战。例如，在某高楼建筑监测工程中，连续的高温潮湿天气导致传感器故障频发，数据传输不稳定。针对这一问题，研究小组不仅定期检修传感器，还引入数据备份系统及自动修复算法，以实现设备发生故障后的数据及时修复。该策略不仅有效促进系统稳定性的提升，还强化设备在复杂环境下的适应能力，确保监测数据的高精度和长期可靠性。

（二）设备精度和系统整合方面面临的挑战

除环境因素外，设备精度与监测系统的整合性亦是影响其准确性与可靠性的重要因素。实际项目中的监测系统通常包括各种传感器及装置，它们具有不同的技术特点及精度要求。如果各装置之间不能有效配合或传感器精度不符合要求，就会导致数据不一致，测量误差较大。在桥梁结构监测中，经常需要使用各种传感器，例如应变传感器、加速度计和位移计。这些传感器如果校准存在问题或设备和系统的兼容性较差，都会导致不同设备的测量结果出现偏差，从而影响整个监测系统运行的可靠性。

在某桥梁健康监测工程中，工程小组采用多种装置联合对桥梁沉降、应变及动态响应进行同步监测。尽管各设备均具有较高精度，但由于设备之间缺乏统一的标准和校准，最终结果出现不同程度的偏差。例如，激光测距仪与倾斜传感器的数据存在一定差异，这使研究小组难以得出统一的研究结论。为解决这一问题，该小组首先对所有器件进行标准化校准，以确保每个传感器测得的数据一致。随后，采用数据融合技术，综合不同传感器的优点，对装置间的误差进行补偿，最终获得更精确、可靠的监测结果。

数据处理及分析平台的整合性亦是影响系统可靠性的关键因素。在某些大型工程中，监测设备及数据采集系统通常由不同厂家生产，并采用不同的数据格式。如果系统无法对这些数据进行有效集成，将影响数据的准确传输与加工，甚至可能导致重要数据丢失。为了解决这一难题，越来越多的工程开始使用统一的数据管理平台，对各种设备的数据进行集中管理与处理。通过建立统一的接口标准及数据格式，确保不同装置之间的数据兼容性及一致性，从而提高整个监测系统的运行效率及可靠性。

在当代工程监测实践中，精确度与稳定性构成了成功执行监测任务的核心。尽管面临环境因素、设备精度以及系统整合等多重挑战，但通过先进技术手段和系统优化，可以有效解决这些问题。多传感器融合、设备校准与标准化以及实时数据传输与处理技术的应用，为监测精度与可靠性的提升提供了坚实保障。在智能化、自动化技术不断发展的背景下，未来的监测系统将变得更加智能、稳定和高效，从而为工程项目的安全管理、质量控制以及风险预警提供更准确、更可靠的数据支撑。通过持续的技术创新与系统优化，监测精度与可靠性将在更多工程项目中得到保障，推动现代工程技术的不断进步。

二、数据传输与处理的瓶颈

在工程建设规模不断扩大和技术飞速发展的今天，监测系统已成为保障项目安全、实现质量控制和提升效率的关键手段。在实现上述系统的过程中，数据传输和处理方面的瓶颈仍然是常见的难题。当监测设备采集海量数据时，如何有效且稳定地将数据传输至处理系统，并确保数据的准确性与完整性，已成为监测系统成功运行的关键之一。特别是在某些远程、高风险或复杂的环境中，数据传输的不稳定性以及处理系统的滞后问题常常会降低监测效果，甚至可能影响整个工程的安全性。本书旨在深入探讨工程监测领域中数据传输与处理所面临的挑战，分析这些问题背后的核心原因，并结合实际案例，展示如何通过技术手段突破这些限制，从而提升工程监测系统的工作效率和稳定性。

（一）数据传输方面存在的挑战和制约因素

在当代工程监测领域，数据的传递大多依赖于如 Wi-Fi、LTE、5G 等无线通信技术。尽管这些技术在一定程度上推动了数据传输的便捷性和效率，但在实际应用中，数据传输过程中仍面临许多挑战。数据传输的距离和稳定性问题往往是限制监测效果的主要原因。在远程地区或者高楼建筑这类复杂环境下，信号强度及稳定性常受建筑物结构、地形及气候等诸多因素影响，从而导致数据传输的中断或延时。

以一个大型地下管线建设监测工程为例，工程小组安装了各种传感器，对地下管线的应力、温度和位移参数进行实时监控。由于地下施工场地环境的复杂性，常规无线通信设备无法有效覆盖施工区域，一些传感器发出的信号也无法及时传送到数据中心。这一问题导致现场部分监测数据无法实时反馈，影响整个工程的实时监测与决策。项目团队必须兼顾数据采集和传输，采用部分布设数据中继设备的方式，以确保信号能够穿越地下空间的阻碍，稳定传输数据。

数据传输的带宽和速度因素也成为限制监测系统效率提升的关键。随着监测设备类型与数量的日益增多，各设备所采集的数据量也随之剧增，对数据传输速度与带宽提出了更高的要求。本课题组在一个大型桥梁监测工程中,使用几十个传感器对桥梁的变形、沉降及应力进行同步监测。这类传感器产生的数据量异常巨大,常规数据传输技术难以满足实时传输的要求。针对这一难题,本课题组结合数据压缩技术和分布式存储系统,以降低数据传输量来优化数据传输速度,从而确保监测数据可以实时到达分析系统。

(二)数据处理面临的瓶颈和挑战

数据处理瓶颈一般体现在数据处理速度、存储能力和精度方面。随着监测系统收集的数据量越来越大,传统单一的处理方式已难以满足实时处理和高效分析的要求。许多时候,工程监测涉及的数据不仅规模庞大,结构也较为复杂,包括传感器数据、环境数据和视频监控等多个维度。对这类数据进行处理与分析,不仅需要高效准确,还须具备智能化与自适应能力。

在某城市的大型隧道建设工程中,研究小组采用布设传感器的方式实时监测隧道内部的温度、湿度、气体浓度和墙体变形情况。尽管传感器能够高效采集大量数据,但传统的数据处理平台无法快速处理和分析这些大规模、多维度的数据。由于数据处理的延迟,管理者无法及时掌握施工环境的最新变化,从而无法迅速做出反应。为了解决这一难题,本课题组将数据处理系统移植到云平台上,并结合大数据分析技术对海量数据进行快速处理和分析。通过云平台中分布式计算架构的应用,本课题组显著提升了数据处理速度,实现了对数据的实时分析与动态反馈,使监测系统能够在工程进度发生变化时及时发出报警。

在人工智能技术日益发展的背景下,智能化数据处理与分析已经逐步成为突破瓶颈的有效途径。引入机器学习算法后,该监测系统可以对历史数据进行自动分析,确定潜在风险模式,甚至预测未来趋势。以某桥梁健康监测项目为研究对象,通过机器学习算法训练历年监测数据,该系统能够识别桥梁应力异常规律,并预测结构潜在的疲劳问题。这种智能化分析不仅提高了数据处理的准确性与速度,还使监测系统能够实现自主预警,从而帮助工程团队提前采取修复措施。

数据传输与处理这一瓶颈是现代工程监测中不容忽视的难题,尤其在高复杂度、大规模以及对实时性有较高需求的工程中,数据能否稳定传输和高效处理直接影响监测系统的效果和准确性。通过对技术手段的不断创新与优化,如无线通信技术、数据压缩及存储系统、云计算平台以及大数据分析方法,上述瓶颈已经逐渐被打破,使得数据传输更加稳定,处理更加高效。随着人工智能和机器学习技术的不断应用,数据分析变得越来越智能化、自动化,从而使监测系统可以提前发现风险并优化决策支持。随着5G技术和边缘计算新技术的深入发展,数据传输和处理的瓶颈将进一步被突破,推动工程监测系统向智能化和实时化方向发展,为工程项目的高效管理和安全保障提供更稳固的技术支撑。

三、环境影响与适应性问题

现代工程项目通常认为,环境影响和适应性问题是工程监测中最具挑战性的问题。无论是城市建设过程中对地基沉降的监测,还是复杂地理环境中对桥梁或隧道的健康监测,外部环境因素都会对数据采集的准确性以及监测设备的稳定性产生影响。不同的地理位置、气候变化和地质条件不仅会影响设备的工作状态,还会干扰数据的采集和传输。在工程项目日益复杂的情况下,监测系统所面临的适应性问题也愈发严峻。如何保证设备在多种环境中仍能稳定运行,以及如何克服周围环境对监测结果造成的干扰,已成为确保工程监测准确性和可靠性的关键。本书将对环境影响和适应性问题进行深入探讨,分析它们在工程监测中的具体表现和影响,并结合实际案例,探讨如何有效应对这些问题,以提升监测系统的稳定性和准确性。

(一)环境对监测设备的影响

环境因素会对工程监测设备产生诸多影响,气候变化、地理环境乃至施工现场的临时变化因素均可能导致设备功能下降或数据偏差。其中,温度变化是最为常见的影响因素,尤其是在高温或低温环境下,传感器的工作状态可能发生改变。在高温环境中,传感器可能因过热而导致测量数据不稳定,甚至引发设备故障;而在低温环境中,传感器的灵敏度可能下降,无法精确捕捉细微变化。湿度和降水等因素也会对设备性能产生一定影响。高湿度或暴雨可能对设备造成损坏,或在数据采集过程中引发错误。

某山区隧道施工项目中,施工团队遭遇因温度变化引起的监测设备失稳问题。这一区域昼夜温差较大,白天温度升高,夜间温度急剧下降。由于温差过大,所安装的传感器及相关装置在不同温度条件下性能表现不一致,导致数据采集出现错误。项目团队针对这一问题,选用了温度适应性强的工业级传感器作为研究对象,同时在传感器外部增加保护层,以辅助装置实现平稳运行。此外,团队优化了监测数据的实时传输方式,以降低环境因素对数据传输过程的影响。在数据传输过程中,采用加密和压缩技术,有效减少因极端天气导致的信号丢失。

极端天气,例如暴风雨、强风乃至沙尘暴,都会影响装置的长期稳定运行。例如,在某海岸大桥监测工程中,频繁的暴风雨侵袭导致大量传感器出现故障,尤其是在风速较高的区域,风速传感器经常出现数据丢失现象。项目团队通过强化传感器的密封性,并在传感器上加装抗风保护罩,提高了装置的耐用性,降低外部干扰。此外,研究小组对该装置的电源进行了优化设计,并采用太阳能电池板,以确保系统在恶劣天气条件下仍能够连续稳定地工作。

四、解决方案与技术进展

工程监测过程中适应性问题的表现形式不仅体现在设备对环境的适应性上,还与施工现场的变化和工程进度的动态调整密切相关。监测设备及系统需根据施工现场的变化情况灵活调节,才能确保监测的连续性和高效性。在某些特殊监测任务中,工程监测所需的数据采集区域会因施工进度不同而有所变化,因此如何对监测系统的运行状态进行适时调整以保证数据采集的全面性,成为技术难点。

在某地铁建设项目中,项目团队遇到了因施工进度变化引发监测方案调整的问题。在隧道施工过程中,由于施工区域不断变化,原计划的监测点选址随之发生改变,导致原有监测设备无法持续高效运行。在此背景下,课题组决定采用无人机结合激光雷达技术,实现动态数据采集与实时调整。利用无人机灵活多变的特点,团队可以迅速覆盖变化区域并适时调整监测点布局。同时,借助激光雷达的高精度数据采集功能,确保隧道施工期间的实时监测。该策略不仅提高了监控的灵活性,还增强了监测体系对建设过程的适应性。

适应性问题也体现为不同装置、不同系统的协调性问题。随着各种监测设备的不断推出,如何保证同一监测系统内不同设备与传感器之间的协调运行已成为不可忽视的难题。在对一座大桥进行监测工程时,本课题组采用不同种类传感器分别对该桥的沉降、应变、温度变化以及裂缝扩展情况进行多方面监测。由于这些装置来自不同厂家,且装置间的数据传输协议与格式各不相同,给数据整合带来较大的难度。针对这一问题,研究小组设计了统一的数据接口及标准,并利用大数据平台集成和分析不同装置的数据。这不仅解决了不同装置间的兼容问题,还增强了系统整体的适应性与稳定性。

环境影响及适应性问题对于工程监测来说是一个不容忽视的难题,特别是在复杂地形、高风险施工环境及恶劣气候条件下,这些因素常常影响监测系统运行的稳定性及可靠性。通过优化设备设计,采取高适应性技术方案,并与无人机、大数据分析等先进技术相结合,工程团队能够有效应对上述挑战,增强监测系统的适应性与数据可靠性。在新技术层出不穷、工程项目环境日益多样化的今天,解决环境影响及适应性问题将是提高工程监测系统效率和准确性的关键。工程监测环境的适应性将在技术创新及合理方案设计的推动下不断优化,从而为工程项目的安全及质量提供更坚实的保障。

四、解决方案和技术进展

随着现代工程项目的日益复杂,特别是在桥梁、隧道和城市基础设施的大规模施工中,环境适应性、监测精度和数据处理瓶颈问题已逐步成为工程监测面临的主要挑战。传统监测方法已无法满足工程中瞬息万变的需求。如何在恶劣环境中维持监测系统的稳定运行，如何实现多源数据的无缝连接，以及如何提升系统的灵活性和效率，已成为当前技术进步的重点方向。近年来，随着无人机、物联网、大数据和人工智能等前沿技术的快速发展，工程监测技术手段发生了重大变革。这些技术不仅成功克服了传统监测手段的局限性，还为工程管理提供了更加高效、精准和实时的数据支持。本书将对当前工程监测的应用解决方案和技术进展进行探讨，并通过具体案例分析，论证如何利用创新技术应对工程监测所面临的各种挑战，从而促进工程项目安全性和效益的全面提升。

（一）采用先进技术和解决方案

伴随着科技的不断进步，工程监测，特别是在数据采集、传输、处理和系统集成领域的创新技术日益增多。无人机技术、激光雷达（LiDAR）、全球导航卫星系统（GNSS）和物联网（IoT）等先进技术的应用，不仅显著提高了监测效率，还增强了监测系统在复杂环境中的适应能力和可靠性。特别是无人机技术，凭借其灵活性与高效性，已被广泛应用于大型高复杂度的工程项目中。

以某海上风电场建设工程为例，项目组利用无人机和激光雷达联合测绘地形。风电场施工位于海域内，地势复杂，交通不便，常规地面测量方法无法满足工程需求。项目团队利用无人机携带激光雷达系统，可快速获取地形三维数据，并依据该数据制作高精度地形模型，为风电场设计与建设提供精确的基础数据。与传统测量方法相比，该方法不仅显著提高了数据采集效率，还能在较短时间内覆盖较大面积区域，较好地解决了效率与精确度之间的权衡。

物联网技术在数据采集与传输方面也取得了显著进步。通过物联网设备，多个监测点的数据可以实时上传至云平台，工程团队随时随地查看监测结果，并及时进行分析和报警。在某城市地铁建设工程中，课题组安装了上百个传感器，对施工现场环境变化、设备运行状态和结构健康情况进行实时监测。物联网的应用使这些数据能够迅速传输和集中处理，极大地增强了数据的实时性和可用性。物联网系统可自动生成报警信息，一旦监测数据超出设定阈值，系统将即时通知工程师进行现场巡检，从而保障施工过程的安全。

（二）智能化和大数据的结合应用

伴随着大数据分析技术与人工智能的兴起，工程监测正朝着智能化与自动化方向不断发展。从海量历史数据中可以看出，智能系统既可以预测未来可能出现的问题，又可以辅助工程管理者优化决策。在桥梁健康监测方面，利用机器学习分析多年数据，该系统能够识别桥梁微小变形模式并提前报警，以提醒工程团队进行维修。该技术的应用不仅提高了桥梁监测的准确性，还使监测系统能够主动发现问题，从而减少人工干预需求。

　　以高速铁路建设项目为例，项目组采用大数据平台对其进行动态监测，并将实时传感器数据与历史施工数据相结合，运用人工智能算法进行解析。通过实时比对及预测数据，系统能够有效识别铁路路基、桥梁及隧道结构存在的风险点。利用深度学习算法，可以分析系统中土壤湿度、沉降量和道路变形三者之间的关系，并预测特定气候条件下土壤中可能诱发的沉降问题。使用该智能分析系统，工程团队能够提前采取应对措施，从而避免许多突发问题。

　　智能化技术的发展，使工程监测不再局限于单纯的监测任务。智能传感器和机器学习结合的系统可以通过对实时数据的分析生成自适应监测方案。在某项目中，团队使用了能够自动调节传感器灵敏度的系统。当系统检测到外部环境条件（如风速、温度）发生变化时，会对监测参数进行自动调节，从而保障数据采集的准确性和稳定性。该自适应智能监测方法不仅提高了系统的可靠性，还极大地减少了人为干预，降低了人工误差和系统故障率。

　　工程监测解决方案及技术进展情况表明，随着新技术的不断推出，监测系统的效率、精度及适应性均有明显突破。无人机、激光雷达、物联网、大数据分析以及人工智能等多种技术的融合，确保了监测系统在复杂环境中能够稳定工作，并提供实时且精确的数据支持。借助这些创新技术，工程管理者可以提前发现潜在问题，制定更科学的决策，并通过智能化分析实现优化。尽管在技术实施过程中仍然面临一些挑战，如设备成本高、技术集成复杂等，但随着技术的进一步成熟，未来的监测系统将更加智能化、自动化，能够很好地适应各种工程项目在安全、质量和效益方面的高度需求。随着技术的持续创新，工程监测将在未来的发展中发挥更加重要的作用，为现代工程建设提供更加坚实的技术支撑。

第六章 无人机测绘技术的拓展应用

第一节 无人机测绘技术在灾害应急响应中的应用

一、灾害类型与应急响应需求

灾害的发生往往突然降临，不仅给生命和财产带来巨大损失，还对社会的正常运转和人们的生活造成深刻影响。无论是自然灾害还是人为灾害，都需要一个迅速而有效的应急响应体系才能实现救助与修复。在科学技术日益发展的今天，尤其是无人机技术在灾害应急响应中的应用，使得灾害应急响应的效率与精准度得到了显著提升。无人机可以迅速进入灾区，获取高分辨率影像及实时数据，为决策者提供及时的辅助决策支持。不同种类的灾害对应的应急响应要求各不相同，只有对各类灾害的特点有深入了解，才能高效运用无人机的先进技术进行及时而准确的应对。本章将对灾害类型及应急响应需求进行论述，分析不同灾害的特征及其对应的应急响应需求，并结合具体实例探讨无人机在各种灾害情境下的关键性作用。

（一）灾害类型划分及特征

灾害通常可以分为自然灾害与人为灾害两类。自然灾害是指因自然现象引发的各种灾害，主要包括地震、洪水、台风、火山爆发和干旱等。人为灾害则通常是由于人类的不当行为或故意行为导致的，这类灾害包括但不限于工业事故、化学物质泄漏和核能泄漏等。不同种类灾害的发生规律、影响范围及严重程度各不相同，因此在应急响应中需要采用不同的策略与方法。

就拿地震来说，一般持续时间较短且难以预料，其破坏力强、破坏范围广。震后建筑物坍塌、道路毁坏和通讯中断的情况尤为严重，必须快速组织抢险救援、人员疏散和资源调配。而洪水则具有持续时间长、受灾面积大的特点，但洪水的发展具有一定规律，可以提前发出警报。台风通常伴随猛烈的风和暴雨，其影响范围相当广泛，因此需要提前采取适当的应对措施。人为灾害具有突发性和恶劣性特点，通常需要一个有效的事故控制与处理机制来阻止其进一步传播与扩大。

灾害所具有的不同属性决定了应急响应体系应具备高效率、机动灵活和应变能力强的特征。速度与精确度对于灾后的应急响应尤为重要。特别是当地震及其他灾害发生时，能够快速进入灾区，对受灾情况进行评估，开展灾后救援及资源调度，是保证抢险工作顺利开展的先决条件。传统的应急响应方式往往局限于交通和通信情况，信息获取与数据分析相对落后，直接影响救援效率与成效。无人机的应用为解决上述难题提供了一种全新的思路。

（二）无人机技术对应急响应的影响和要求

无人机技术应用于灾害应急响应具有灵活性、机动性以及高效性特点，已经成为各种灾害应急响应中必不可少的手段。无人机既可以对大面积灾区进行高效覆盖，又能够实时传输高分辨率影像及数据，为决策者提供综合信息支撑。灾后及时获取灾区实时影像及数据，有助于指挥中心进行灾情评估、资源调度及应急决策等关键环节。此外，无人机可以迅速到达偏远、危险或不易到达的受灾地区，获取传统手段难以获得的优质数据，这为应急响应带来了极大的便利。

某地震灾害发生时，常规地面调查手段因交通严重堵塞和通讯中断而受到制约。无人机携带高分辨率相机及红外传感器，可快速进入灾区并实时传递震后建筑倒塌、道路受损及人员分布等重要信息。通过无人机获取的三维模型，救援团队能够快速评估各地区的破坏情况，从而优先施救和合理配置救援资源。无人机的灵活性使其能够迅速捕捉大面积区域内的状况，并为救援路径的实时规划提供支持。某特大山洪灾害发生时，地面救援队伍难以进入深山老林开展灾后评估工作。无人机携带高精度影像采集设备，可以在短时间内完成山脉全景扫描，并生成准确的三维模型，对山体滑坡及洪水造成的危害进行实时评估，为后续恢复与重建提供数据支撑。

不同种类的灾害对应急响应有不同的要求，而无人机技术作为一种新兴的高效工具，大大提高了应急响应的速度和准确性。在灾后，无人机能够快速采集并传输高分辨率图像与数据，为应急指挥中心快速决策提供支持。随着无人机技术的不断进步，其在未来灾害预警、监测与恢复阶段的作用将更加显著，并成为一种不可或缺的救援工具。通过持续改进无人机技术的应用、优化应急响应体系，可以将灾害造成的损失降到最低，为灾后恢复与重建工作提供更科学、更精准支撑。

二、无人机的快速响应能力

灾难来临时，时间是最宝贵的资源。无论是自然灾害还是人为灾害，快速响应与精准救援是应急响应能否成功的关键。传统救援方式在这一过程中常面临诸多限制，尤其是在灾区交通堵塞、信息传递滞后的情况下，往往无法第一时间获取精准的灾情数据。无人机技术的出现与广泛应用为灾害应急响应带来了前所未有的快速响应能力。由于无人机具有高机动性、快速部署以及高效数据传输的优势，它能够在较短时间内抵达灾区，获取实时信息，为指挥决策提供支持。本书将详细论述无人机在快速应对灾害中的能力，分析无人机技术如何提高应急响应效率，并结合实际案例探讨无人机技术在灾害中的应用与价值。

（一）无人机技术及其快速响应能力的优点

无人机的快速响应能力主要源于其高机动性与即时部署。传统应急响应通常依靠地面救援队伍完成，但这些救援队伍受交通和天气限制，往往无法在短时间内到达灾区。而无人机可以在几分钟内快速升空，飞越山脉、洪水或灾后废墟等复杂地形，抵达地面救援难以触及的地区。此外，无人机在躲避交通拥堵时，能够凭借自身灵活的飞行能力迅速覆盖大面积灾区，对灾情进行初步侦察并提供第一手资料，从而为救援工作赢得宝贵时间。

就以2015年尼泊尔大地震为例，震后许多地区的道路和桥梁遭到严重损毁，常规的地面救援方式受到极大限制。无人机迅速动员起来，进入灾区开展灾后评估及受灾情况调查。无人机的高分辨率影像及红外传感器使救援团队可以在短时间内获取受灾区域的影像，快速评估建筑物倒塌情况、道路阻断状况以及受困人员的分布。相比传统方法，无人机不仅在时间方面具有显著优势，还能提供更加全面、细致的信息，从而帮助指挥中心作出更加准确的决策。

无人机在灾后应急中的快速响应能力不仅体现在前期的灾情侦察，还体现在持续监控与数据回传。无人机能够在灾后的数小时内完成任务，连续飞行并实时传输影像和数据，无须依赖传统的地面传输设备和人工报告。这使得无人机在灾后救援过程中扮演的角色尤为重要。在某次洪水灾害中，即使面临恶劣的天气条件，无人机仍能通过卫星通信网络向指挥中心回传实时影像，帮助救援人员快速掌握各受灾地区的信息，从而有针对性地调配资源与人员。

（二）无人机技术的多功能性与应用灵活性

无人机凭借其快速响应能力、多功能性和灵活性，在灾害应急响应过程中扮演着日益重要的角色。无人机可携带多种传感器与装备，以适应不同灾害类型与救援需求。该设备配备高清摄像头、红外传感器和激光雷达（LiDAR）等先进技术，能够为灾区提供实时高清图像、热成像以及三维点云数据,这有助于救援团队更准确地评估灾害情况。传统的地面巡查与卫星影像在应用于森林火灾救援时,往往因天气或视距原因而受到限制。而无人机通过携带红外成像设备,可以穿透烟雾,清晰观测火灾蔓延区域,并对火源位置及火势变化做出及时反馈。这种实时监测能力使消防部门能够提前规划消防路线、合理布置灭火资源、提高灭火效率,并有效降低火灾蔓延风险。

  无人机表现出较强的灵活性,广泛应用于灾后评估与修复工作。在某次震后道路修复作业中,无人机携带高精度 LiDAR 扫描设备,协助工程师制作详细的三维模型,并对道路及桥梁的破坏情况进行分析,从而使修复团队能够预判修复工作的复杂程度及资源需求,并为后期修复工作提供科学依据。无人机的灵活性还体现在其对多种环境条件的适应能力。在某些危险救援场景中,例如核泄漏或化学事故现场,常规地面救援人员可能面临巨大的生命风险,而无人机可以快速进入这些高风险区域,获取关键数据,对危险物质的泄漏程度或辐射水平进行监控,并提供数据支持,以保障救援人员的安全。在这种背景下,无人机不仅承担数据采集任务,更重要的是为救援人员创造一个更安全、更高效的工作环境。

  无人机在灾害应急响应中的快速响应能力源于其高机动性、多功能性以及实时数据传输的优势。通过无人机的快速部署与灵活运用,救援团队可以第一时间获取灾情信息,为决策者提供科学准确的依据,有效提升应急响应效率。无人机的高分辨率影像、红外传感器和激光雷达技术,使其能够在不同类型的灾害中完成多样化任务,无论是灾后评估、火灾监测还是危化品泄漏风险评估,都展现出不可替代的作用。随着无人机技术的不断发展和应用场景的持续扩大,它在灾害应急响应中的角色将变得愈发重要,未来有望成为全球灾害管理体系中不可或缺的一部分。

三、无人机测绘技术在灾后评估中的应用

  灾后评估作为灾害管理的关键环节,不仅有助于有关部门快速掌握受灾范围和损失情况,还能为灾后恢复与重建工作提供科学依据。传统的灾后评估方法通常依靠人工调查与地面检查进行,评估效率较低,且常常无法全面覆盖范围较广的受灾地区,容易漏报细节或产生错误。在无人机测绘技术不断发展的背景下,灾后评估的速度和准确性得到了显著提升。无人机具有灵活性、快速响应能力以及高精度数据采集的优势,已成为灾后评估中的重要手段。无人机能够在短时间内获取大量高分辨率图像,并通过与其他传感器(如 LiDAR、红外成像)的结合,提供详细的三维建模数据,为灾后恢复工作提供可靠支持。本书将探讨无人机测绘技术在灾后评估中的应用,分析该技术如何提升灾后评估的效率、准确性和全面性,并结合具体实例论证其在不同灾害中的应用成效。

(一)无人机用于灾后评估的优势

传统的灾后评估方法中,人工检查和地面调查通常受到恶劣环境、交通堵塞以及时间紧迫等条件的限制,导致数据获取不全面,难以为决策提供充分支持。尤其是在大范围灾害中,由于受灾地区广泛且复杂,地面调查难以迅速覆盖全部区域,且可能带来一定的安全风险。无人机测绘技术的应用成功解决了这一难题。凭借其高度的机动性、快速部署能力和实时数据传输功能,无人机能够迅速进入受灾地区进行广泛的数据收集,为灾后评估提供全面且精确的地理信息。

这款无人机配备了高分辨率摄像头、激光雷达(LiDAR)和红外传感器等先进设备,能够在灾难发生后的短时间内收集准确的地理信息。在某次强震发生后,受灾地区的公路被切断,通讯中断,常规的地面调查耗费大量时间与人力资源。无人机携带高清摄影设备及红外传感器,可快速获取灾区的高清图像及热成像数据。根据这些信息,救援人员能够对建筑物倒塌情况、道路损毁程度及受困人员分布情况进行精确评估,从而及时提供数据支持进行决策,规避人工勘察可能出现的盲区及错误。

无人机还可以生成灾区的三维模型,这一功能在灾后评估中尤为重要。利用无人机获取的图像数据结合 LiDAR 数据,可以生成高精度的三维建模图,从而对灾区的损毁情况进行更加直观、准确的评估。这些资料不仅为灾后修复和重建工作提供详实的影像支持,还能帮助相关部门掌握受损地区的地形变化情况,为今后的灾后规划及应急响应工作提供科学依据。

(二)无人机测绘技术在灾后评估中的多样化

应用无人机测绘技术并不局限于对灾区进行初步评估,其在灾后恢复与重建中的多样化应用亦显示出极大潜力。无人机可实现对灾后各阶段的连续监测,并为灾后恢复工作提供动态数据支撑。除评估建筑物及基础设施受损程度外,基于无人机收集的高精度数据,还可监测环境变化并评估灾害对土地、植被和生态系统的影响。

某场洪水灾害发生后,常规地面勘测人员难以迅速抵达所有受灾地区,尤其是深水区域及破坏严重的乡镇。无人机携带多光谱传感器,可获取受灾区域的土地利用变化和植被损失等环境数据。通过对这些数据的分析,研究小组能够评估生态破坏程度,并为环保部门及时提供数据支持,以辅助生态恢复与环境保护工作。通过无人机的连续监测,有关部门可以实时掌握灾后生态恢复的进展情况,并结合最新数据适时调整恢复策略。伴随着人工智能与大数据技术的融合,无人机测绘技术能够在灾后评估中实现自动化数据处理。某次地震灾害发生后,研究小组利用无人机扫描受灾建筑,并采用人工智能算法自动评估建筑物的受损程度。这项技术不仅提高了评估速度,还降低了人为误差,使评估结果更加客观准确。人工智能系统还能根据建筑结构特点确定哪些部分遭到严重破坏以及哪些部分需要重点维修,从而为灾后恢复提供更精准的指引。

将无人机测绘技术应用于灾后评估,大幅提升了评估工作的效率、准确性与全面性。利用无人机的高机动性和灵活性,救援团队能够快速获取灾后综合地理信息并准确评估灾情。无人机不仅可以对灾后修复进行细致的损坏评估,还能为生态恢复和环境监测提供连续的数据支持。随着技术的不断进步,尤其是在人工智能、大数据和云计算的推动下,未来无人机将在灾后评估中发挥更加重要的作用,成为灾害应急响应和恢复过程中的关键工具。通过与新兴技术的结合,无人机测绘将进一步提升灾后评估的自动化与智能化水平,促进灾害管理的科学化、精准化与高效化发展。

四、无人机在灾害监测中的前景

灾害监测在自然灾害与人为灾害的处理过程中都不可或缺。伴随着全球气候变化以及社会经济活动的日益变化,灾害的发生频率与复杂程度越来越高。如何在最短的时间内准确掌握灾区状况、评估灾害影响、迅速有效地采取应对措施,已经成为当前国际社会关注的一个重要课题。传统的灾害监测方式往往依靠地面调查与卫星影像相结合,存在信息获取缓慢、覆盖范围受限、费用昂贵等问题。无人机技术的提出为灾害监测提供了新的解决思路。由于无人机具有高机动性、灵活性以及数据采集精度高的特点,将无人机应用于灾害监测逐渐引起了人们的广泛关注与重视。本书将探讨无人机在灾害监测中的应用,分析无人机如何帮助提高灾害监测的效率与精准度,并对未来无人机技术在灾害监测中的应用进行展望。

(一)无人机用于灾害监测的现状及优势

无人机在灾害监测中的应用主要体现在其数据采集效率高、快速反应能力强等方面。灾后,特别是在地震、洪水和火灾等突发性灾害中,常规的地面监测手段往往受到交通堵塞和人员安全问题的限制,导致灾情信息获取不够全面或滞后。而无人机可以快速部署,穿越复杂地形与障碍,以极低的成本高效获取准确的实时数据。无人机通过搭载高清摄像头、红外传感器和激光雷达等设备,可快速采集灾区的地形、建筑、交通以及人员分布等多维度数据,为灾后评估和应急响应决策提供科学依据。

无人机在洪水灾害中的应用显示出其巨大的价值。洪水通常会导致大范围交通中断和道路淹没,地面巡查工作往往因此受阻。然而,无人机凭借高分辨率影像及实时传输技术,能够快速覆盖淹没区域并获取灾区的详细影像,从而为灾后评估及应急部署工作提供直观资料。在某次城市洪水灾害发生后,救援人员利用无人机在几小时内完成全区灾情的勘察工作,并将灾情最严重的地区及时反馈给指挥中心,以便准确调度救援力量。

(二)无人机技术的发展动向及未来展望

随着无人机技术,特别是数据传输能力、飞行时间以及传感器精度的提高,无人机在灾害监测领域的应用前景将变得越来越广泛、越来越多样化。尽管无人机的飞行时间与载荷能力有限,可以携带高清摄像头与红外传感器采集数据,但在大范围灾区进行连续监控时,仍然面临电池续航与数据传输的挑战。在电池技术和通信技术不断革新,尤其是5G技术推广的背景下,数据传输速度与实时性将得到显著提升,这将进一步增强无人机在灾害监测中的能力。人工智能(AI)与无人机技术的融合预计将为灾害监测领域带来革命性的变革。通过将机器学习算法和无人机采集的图像数据相结合,未来的无人机将具备自动识别灾害影响和评估灾后损失的功能。无人机可以通过对采集到的影像数据进行分析,自动判断建筑物的受损程度、确定受灾区域的变化情况,甚至追踪和监控人员及车辆的动态。未来,无人机系统不仅可以被动获取数据,还可以主动处理数据并作出智能决策,从而使灾害监测更加准确和实时。

在另一个方面,随着无人机技术的成熟,集群无人机的应用前景也极为广阔。集群无人机技术使多台无人机协同作业,在较大区域内实现灾区实时监控与数据采集。在对某震后灾区进行监测时,多架无人机协同工作,分别对不同地区进行覆盖,对数据进行实时收集并迅速传送至指挥中心。该集群协同作业在提高监测效率的同时,显著增强了灾害应急响应的灵活性与应变能力。无人机应用于灾害监测有着十分广阔的发展前景。伴随着科技的进步与应用场景的扩展,无人机必将日益成为灾害监测与应急响应领域的核心手段。无人机具有高机动性、快速部署能力以及准确数据采集能力的特点,使其能够快速进入灾区并向决策者及时、准确地传递灾情信息。伴随电池技术、5G通信、人工智能以及集群技术等众多前沿技术的持续进步,无人机在灾害监控领域的角色将变得日益关键。它既可以为灾后评估提供即时数据,又可以在灾害初期进行实时预警,动态监控以便应急响应。可以预计,在近期内,无人机必将成为全球灾害管理体系中不可缺少的重要组成部分,并为灾害管理的智能化、高效化发展提供更扎实的技术支持。

第二节 无人机测绘技术在环境保护与资源调查中的作用

一、环境监测与资源调查的需求

环境监测和资源调查是当代经济和社会可持续发展主题的两大核心任务。在城市化进程加快、资源消耗日益扩大的背景下，生态环境所承受的压力也越来越大。空气、水体、土壤等生态要素的污染频繁发生，同时自然资源的过度开发与管理失衡带来了许多社会经济问题。在此情况下，动态地把握环境状况和准确地确定资源储量，成为政府、科研机构甚至企业进行决策时必不可少的基础支持。这种环境问题和资源配置的复杂联系，同样要求数据的准确性和获取的高效性。传统调查方式虽然具有科学性，且经验积淀丰富，但在效率、时效性以及覆盖面方面已明显落后。促进环境监测和资源调查技术手段的创新，已经成为现实发展所亟须解决的问题。

（一）对环境监测提出的多样性要求和挑战

环境监测并非单一维度的工作，而是一项涉及空气质量、水资源状况、土壤污染和生态系统演变等多个方面相互交织的系统性工程。不同生态要素在空间分布及时间变化上各不相同，在监测手段、技术参数及频次要求方面表现出高度多样化的特点。空气监测更加注重高频次数据采集与实时反应能力；水质监测需要设备能够适应复杂水文条件下长时间工作的需求；对于土壤污染，更倾向于使用高精度的设备进行微量成分的精确检测。传统人工监测手段虽然精度较高，但在人力资源紧张、地理条件复杂的情况下，很难实现大面积、高密度、连续性的观测。

以沿海某市生态监测项目为例，该地区受长期工业化开发的影响，海岸线周边海水富营养化程度较高，导致大范围藻类暴发。以往依靠船只采样、岸边定点检测的方式获取数据，费时费力，很难及时反映水体变化的动态过程。后续工程引入移动监测平台和遥感技术，并结合无人机巡航，既增加了采样广度，又实现了数据采集的实时性。这一技术转型显著增强了环境监测的应急反应能力，使环保部门可以提前确定风险区域，从而制定更科学的治理方案。

与此相比，环境监测也面临着更复杂的问题，即数据标准不够统一、跨部门协同困难。不同监测机构在数据格式、采集方法、评价指标体系等方面存在差异，这使得即使监测结果具有参考价值,也很难实现数据整合和共享。这无疑给那些希望构建综合性环境评估模式的决策者带来巨大障碍。破解这一难题,既需要技术手段的突破,又需要从制度建设、平台架构层面进行统一规划和规范制定。

(二)资源调查的战略价值和技术诉求

资源调查作为国家战略层面的一项重要任务,肩负理解和管理自然资本的职责。上至土地资源、水资源,下至矿产、林业及可再生能源,每一类资源在储量、分布、开发潜力及生态影响方面都需要借助科学手段开展系统调查和动态更新工作。这一进程不仅关系到资源自身利用效率的高低,还直接影响区域发展规划、产业布局,甚至生态安全格局的建设。资源调查不是静止的"量一量"或者"画一图",而是一个不断演变的过程,要求在自然背景与社会需求的变化中找到平衡。

以中国西北某省实施的风能资源评估项目为例,该地区地形开阔,风力资源充足,但地形复杂、交通不便。常规地面测风塔的分布受限,无法形成全面覆盖的数据体系。后期工程引入多旋翼无人机携带气象传感器,并联合地面站点和卫星数据进行多尺度、多源信息融合,风能资源图谱的精度显著提高。这一案例表明,现代技术手段,特别是在测绘与遥感方面的创新,已成为资源调查"由面到点、由粗到精"的加速器。

资源调查技术的诉求既要"看得准",又要"测得快""评得细"。在大数据平台与云计算技术不断发展的背景下,资源调查已经开始由"静态数据报表"向"动态数字模型"转变。这一变革对测绘系统的实时采集、智能分析、多维呈现等方面提出了全新的需求。特别是在矿产资源勘查、农业可耕地评估中,精细化地形地貌模型、土壤剖面分析以及遥感影像识别技术不断推动资源调查向更高精度和智能化方向发展。值得一提的是,人工智能的参与使图像识别、物体分类以及变化检测能够批量化、高效地进行,极大地降低了勘查的费用与时间投入。

环境监测和资源调查的需求越来越广泛且复杂,反映了对精度、时效性、覆盖面以及数据处理能力方面综合提升的要求。在全球范围内面临资源紧张和生态危机双重挑战的背景下,如何科学地把握自然环境的动态变化,以及如何系统地评价资源开发的可持续性,已经成为政府治理、企业布局乃至大众关注的热点。无论是沿海水质、高原风能,还是城市热岛效应、农村土地退化,这些问题的解决都离不开更加智能、有效和准确的监测和调查手段的支持。伴随着科技的不断创新,环境及资源数据的采集方式、处理路径及应用模式也变得越来越多样化和精准。这些技术进步在需求的引导下,将持续推动相关产业向更高层次发展。无人机、遥感技术、大数据和 AI 等多种技术的结合,构成了一个创新的环境与资源调查系统,这将保护生态安全和推动绿色发展的核心动力。

二、无人机技术在生态监测中的应用

生态监测对现代环境保护与自然资源管理具有关键作用。在全球环境问题日趋严重的情况下，如何对生态环境变化进行科学、综合和实时的监测，已成为世界各国政府、科研机构和环保组织普遍关注的问题。传统生态监测方法通常依赖地面调查及人工采样手段，虽然能够提供高精度数据，但通常面临覆盖范围受限、数据获取周期长以及人力成本高的问题。而无人机技术的应用为生态监测带来了前所未有的解决途径。通过携带多种高精度传感器，无人机可以快速覆盖广泛区域，并在不同维度上进行实时数据采集，为环境监测、物种保护以及生态恢复工作提供更有效、准确的支撑。本书将对无人机技术应用于生态监测进行讨论，分析无人机技术如何有助于提高监测效率与准确性，并结合具体实例论证无人机技术在完成不同生态监测任务中所发挥的巨大作用。

（一）无人机用于森林生态监测

森林生态监测在全球生态保护中占据重要地位。在人类活动逐步影响森林生态系统的过程中，改变森林覆盖率、减少物种多样性以及监测森林健康状况已成为应对气候变化和保护生物多样性的重点工作。传统的森林监测方式通常依赖地面调查，虽然监测精度较高，但受到森林所处地理位置、地形复杂性和季节性因素的限制，工作效率较低。而无人机的应用则突破了上述瓶颈，为森林生态监测提供了更高效、更灵活的手段。

以热带雨林保护工程为例，科研人员利用无人机搭载高分辨率相机及多光谱传感器，对森林中的植被覆盖度、树木健康状况及物种分布进行了综合考察。无人机能够在短时间内覆盖几百平方公里的森林区域，采集高清图像并实时传回数据。研究者通过比较不同时间点的数据，分析森林健康的变化趋势。无人机配备的多光谱传感器可以获取植物健康信息，及时确定病虫害发生的区域，从而为后续防治工作提供准确的数据支持。与传统地面巡查相比，采用无人机进行监测不仅显著提高了数据采集速度，降低了人力成本，还增强了监测的准确性与全面性。

无人机的应用不仅局限于森林健康监测，还在森林火灾预防与应急响应方面发挥了重要作用。在森林火灾发生时，无人机搭载红外成像设备能够准确识别浓烟笼罩下的火源位置及火势蔓延方向。通过实时回传火灾数据，救援人员可以根据数据调整灭火策略并及时控制火灾蔓延，从而避免传统方法中因信息滞后而可能引发的危险。

（二）无人机用于湿地生态监测

湿地生态系统是世界上最重要的水资源与生物栖息地之一，对于维护地球生态平衡具有十分重要的意义。受气候变化和人类活动等多种因素影响，湿地生态受到严重威胁。对湿地水质、湿地植物生长状况及动物栖息地变化方面进行长期、详细的监测是非常必要的。传统湿地监测通常依靠人工勘察进行,不仅工作量较大,而且数据的实时性与全面性也很难得到保证。基于此背景,无人机技术为湿地生态监测工作带来了新的突破。在某次湿地保护区生态监测工程中,科研人员使用无人机携带高分辨率影像传感器及激光雷达设备定期扫描湿地植被变化、水质状况及生态环境。无人机可以在湿地茂密植被中迅速飞行,并在地面不可及的地区获取数据。在湿地植物生长监测中,无人机能够准确记录不同地区的植物覆盖度及生长趋势,并确定水体富营养化的初期征兆。这些信息可以帮助环保部门掌握湿地生态系统的实时变化情况,并及时采取保护措施防止其退化。

无人机用于湿地生态监测还延伸至动物种群监测。在对某湿地保护区内鸟类数量进行调查时,科研人员利用无人机对鸟类栖息地变化进行了监测,并记录了鸟类栖息数量及物种。通过比较不同时期、不同季节的数据,研究者可以分析鸟类迁徙路径以及栖息地是否适宜。该方法既能避免地面调查干扰野生动物栖息环境,又能准确获得数据而不扰乱生态平衡,大大提高了动物种群监测的效率与准确性。

无人机技术应用于生态监测已由原来的概念验证发展成各种生态监测任务的重点手段。不论是在森林健康监测、湿地保护还是动物种群调查方面,无人机都以其效率高、灵活性强、成本低的优势,大大提高了数据采集的速度与准确性。通过携带不同传感器,无人机能够获取多维度的环境数据,并向科研人员提供精准的生态变化情况,为环境保护与资源管理提供科学依据。伴随着无人机技术的不断进步,未来它将被越来越多地运用于生态监测中,技术手段也会变得越来越智能。在生态监测领域,无人机将扮演不可替代的关键角色,为全球的生态守护和可持续发展带来更加精确且高效的支持。

三、资源调查与环境保护的结合

在全球化与工业化进程日益加快的背景下,资源消耗与环境退化已经成为一个不容忽视的问题。为了解决上述问题,将资源调查与环境保护紧密结合显得尤为重要。资源调查有助于对自然资源的现状与潜力进行精确评估,而环境保护则是确保这些资源可持续利用的关键环节。传统资源调查中往往忽略对环境影响的评估,导致资源开发过程中生态环境遭到破坏。在科技日益发展的今天,尤其是无人机和遥感技术的应用,使得资源调查和环境保护之间的关系更加紧密。无人机凭借其高效、准确、低成本的优势,在实时数据采集和环境影响分析方面提供了一种创新且有效的方法,有助于决策者在资源开发与环境保护之间寻求平衡。本书将探讨资源调查和环境保护如何实现有机融合,并分析现代技术在其中发挥的关键作用,同时通过具体实例论证无人机技术如何促进这种融合的实现。

(一)资源调查和环境保护的相互依赖

资源调查和环境保护看似是两个独立的领域,但它们之间相互关联、相互依存的关系却不容忽视。资源调查不仅是记录自然资源的储量及分布情况,还需要考虑资源开发利用可能带来的环境影响。资源调查结果通常为环境保护措施提供数据支持。在这一过程中,科学、全面地开展资源调查可以为环境保护工作提供准确的基础资料,帮助相关部门确定哪些资源开发方式可能对环境产生重大影响,从而采取相应的保护措施。

在许多资源调查工作中,往往只对资源储量进行简单评价,却忽视了这些资源的开发利用对生态环境造成的影响。传统勘探方式在对矿产资源进行开采时,更加注重矿藏的经济价值,而对水源污染和土壤退化等环境问题考虑不足。近年来,随着人们环境保护意识的不断增强,资源调查已经开始将生态环境监测融入其中,对开发活动可能带来的环境风险进行综合评价。以某大型水库建设项目为例,项目组在对水库水资源潜力进行评价的同时,也将生态影响评估融入其中。通过监测周围生态系统,确定了水库建设可能对湿地的潜在破坏以及物种栖息地的丧失。决策者根据相关资料提出环境修复计划,以确保资源开发和生态保护的双赢。

无论是矿产资源、水资源还是森林资源,其开采必然会对环境造成一定影响。无人机技术的应用为将资源调查与环境保护相结合提供了有力支撑。无人机借助高精度遥感技术与传感器,可以对环境变化进行实时监测,并具备大面积、高效率的数据获取能力,从而为资源调查工作提供更加精细的数据。这些数据不仅有助于资源开发决策,还能为采取环境保护措施提供科学依据。

(二)无人机技术在资源调查和环境保护

无人机技术已被日益广泛应用于资源调查与环境保护,特别是在生态监测、资源勘探与环境评估方面,展现出其独特的优越性。无人机凭借其快速覆盖大范围和高精度的优势,能够在极短时间内获取海量数据,为资源调查与环境保护的结合提供实时、准确的支撑。以某矿区生态恢复工程为例,在采区开采期间,常规地面调查通常费时费力,且受地形和天气限制,很难实现大面积实时监测。而无人机可携带 LiDAR 和高清相机等仪器,快速扫描矿区生态状况并生成高精度三维模型。利用这些数据,项目组可以对矿区内的土壤退化、植被恢复及周围水体污染状况进行分析,并在此基础上制定合理的生态修复计划。此外,通过无人机携带多光谱传感器,可以监测植被健康状况,为植被的后期恢复提供数据支撑。

无人机技术在水资源管理方面也发挥了举足轻重的作用。在一定区域内进行水资源调查时,常规水体监测方式通常局限于水域深度与广度之间,难以充分掌握水质变化。而无人机携带红外成像传感器及水质分析设备,可以对水体温度、浑浊度及化学成分进行实时监控,无须与水面接触。在某湖水质监测工程中,科研人员使用无人机对该湖不同区域进行定期检查,所收集的数据有助于及时发现水污染源,并避免水体污染问题进一步蔓延。通过这一技术,水资源管理者能够实现对污染源的准确跟踪与动态监测,从而有效规避水质恶化对生态系统造成的危害。

除资源开发方面外,无人机对环境保护的影响越来越显著。无人机可以对森林、湿地等生态环境变化情况进行实时监测,并及时发现环境破坏行为。在某保护区内开展了一项森林监测工程,使用无人机对森林覆盖率及物种多样性进行监测。无人机携带高清相机及多光谱传感器,可快速识别并记录森林健康状况及非法砍伐活动信息。上述信息可实时传送至环保部门,以确保非法砍伐行为得到及时发现与遏制。无人机的灵活性与高效性使其可以在复杂环境中提供优质监测数据,从而为环境保护工作提供更科学、更准确的支撑。

将资源调查和环境保护相结合是当前全球可持续发展中的一项重要任务。在资源开发与生态环境保护矛盾日益激化的情况下,如何权衡二者关系已成为一个迫切需要解决的课题。无人机技术的应用为这一过程提供了有效且准确的数据支撑,突破了传统调查方式的局限。通过无人机,不仅可以全面、实时采集资源分布及环境变化信息,还能辅助相关部门进行资源开发,同时实施有效的环境保护措施。伴随着无人机技术的不断革新,特别是其与遥感、大数据以及人工智能的深度融合,无人机在未来资源调查与环境保护领域将有更广泛、更深层次的应用。无人机将成为推动资源合理利用和环境可持续保护、改善全球生态环境的重要技术支撑手段。

四、无人机技术对环境保护的推动作用

在全球化、工业化发展的今天,环境问题已经不再是某个区域、某个国家的事情,而是成为全球共同面对的难题。无论是从气候变化、物种灭绝,还是从土地退化、海洋污染方面来看,环境问题已经对人类赖以生存与发展的可持续性提出了严峻考验。传统的环境保护手段大多依赖于地面监测、人工调查及卫星遥感,虽然效果较好,但存在数据获取周期长、准确性差、覆盖面窄等不足,难以适应越来越复杂的环境保护需求。无人机技术应运而生,为环境保护工作带来了革命性的突破。由于无人机具有效率高、成本低、精度高的优点,能够在较短的时间内实现对生态环境的大范围监测,并迅速提供精准的数据支持,以助力环境保护。本书将探讨无人机技术促进环境保护的途径,分析其在环境监测、生态恢复和物种保护中的应用,并结合具体实例说明无人机技术在实际环境保护工作中如何发挥独特作用。

(一)无人机技术促进环境监测

环境监测在环境保护中处于核心地位。通过监测,可以实时了解环境质量的变化

情况,从而为政策制定和应急响应提供科学依据。传统的环境监测方式通常受到人员、资源和复杂地形等因素的制约,特别是在一些交通不便的地区,比如深山、荒漠和海洋,常规监测方法往往难以高效、准确地获取数据。而无人机技术的应用,为上述问题提供了一种全新的解决思路。无人机具有高机动性、灵活性以及可携带多种传感器的特点,可以快速完成大面积的环境监测任务,大幅提高数据采集的效率与质量。

在监测某次大范围森林火灾时,常规监测手段通常受限于火灾蔓延速度快、气象条件复杂等因素,无法准确获取火灾的最新动态。无人机携带红外成像仪和热感应设备,可快速穿透烟雾,对火灾蔓延区域及方向进行实时监控,从而为消防队提供精准的火源数据。这种高效监测方式不仅提升了火灾扑救效率,还规避了常规地面监测可能带来的安全风险。无人机的实时数据传输能力使各级指挥单位可以第一时间掌握灾区信息,为应急决策提供科学依据。

将无人机用于水质监测,效果同样显著。在某次河流污染事件中,常规水质监测设备难以迅速抵达受污染区域采集样品并进行分析,而无人机通过携带水质传感器和光谱分析仪,可在河流上空实时飞行,收集水质样本,并以无线传输的方式将信息反馈至监测中心。该方法不仅显著提升了监测效率,还减少了人工干预可能导致的失误,确保水质监测的准确性与及时性。将无人机技术应用于环境监测工作,不仅提高了工作效率,还增强了监测数据的准确性与可重复性,为环境管理与污染治理工作提供了强有力的支持。

(二)无人机在生态恢复与物种保护

生态恢复与物种保护已成为全球环境保护的重要工作。生态恢复的重点在于通过科学手段修复退化的生态系统结构和功能,而物种保护的重点则在于挽救濒临灭绝的物种并恢复生态多样性。生态恢复和物种保护均离不开生态环境的监测和评价。这类工作通常面临数据采集范围广、细节烦琐、周期较长等难题。无人机的问世为生态恢复和物种保护工作提供了高效而精准的技术支撑。

以某国家级湿地保护区的物种保护项目为例,该地区是某种珍稀鸟类的栖息地。传统的物种监测通常依靠人工巡查完成,这种方式不仅费时费力,还可能扰乱鸟类的栖息环境。无人机的出现成功解决了这一难题。通过安装高清摄像头与红外传感器相结合,无人机能够对鸟类栖息地进行实时监控,而不会干扰鸟类活动,同时还能获取鸟类数量、分布及活动方式等重要信息。研究人员通过长期追踪与数据分析,可以对鸟类的栖息需求有更深入的了解,并为保护区的管理与保护措施提供科学依据。

生态恢复中,无人机同样发挥着巨大作用。在某森林恢复项目中,科研人员利用无人机搭载的激光雷达与多光谱传感器实时扫描恢复区的土壤质量和植被状况。无人机的高分辨率图像及三维建模能力使研究者能够更加精确地评估植被恢复进展、病虫害扩散以及土壤变化。这些信息帮助决策者在修复工作中及时发现问题，优化生态修复方案，并确保修复工作能够高效持续地开展。将无人机技术应用于环境保护工作，不仅提高了环境监测的效率和精准度，还为生态恢复和物种保护工作提供了强有力的技术支持。无人机凭借其高机动性、多样化的传感器配置以及实时数据传输能力，在大面积环境监测、精准生态评估及高效资源保护领域展现出巨大潜力。随着无人机技术的发展，尤其是人工智能和5G通信的融合，无人机将在环境保护中发挥更大的作用。无人机在生态环境监控、资源管理和物种保护等领域将扮演更加核心的角色，为全球环境保护工作提供更高效、更精准的技术支持。

第三节 无人机测绘技术在智慧城市与交通管理中的潜力

一、智慧城市建设中的测绘需求

在信息技术高速发展、城市化步伐不断加快的背景下，传统城市管理模式已经很难适应现代社会对高效运行、精准治理以及智慧服务的要求。智慧城市建设因此兴起，并迅速成为全球城市发展中的一个战略性方向。智慧城市并不仅仅是信息化的简单叠加，而是物理空间和数字空间的深度融合，其核心是在实时、准确数据支撑的基础上进行科学决策和高效管理。在这样的背景下，测绘作为城市空间信息的基础工程被赋予了空前重要的地位。测绘不仅提供了高精度的地理空间数据，还支持智慧城市从规划设计、基础设施管理到公共安全和环境监控等各层面的运行逻辑。现代测绘需求经历了从传统"测地成图"到多源数据融合、三维建模、动态更新甚至语义理解复杂系统的发展过程。这一需求转变也促进了测绘技术的持续革新和应用拓展。

（一）由静态地理数据向动态城市系统演化

传统意义上的城市测绘主要集中在地形图绘制、建筑轮廓提取和基础设施空间定位方面，数据主要为二维且更新周期较长，更多地服务于城市建设前期的规划设计。在智慧城市建设的背景下，这种"静态、离线"的数据模式显然已经不适用。现代城市作为一个高度动态且复杂交织的体系，涵盖交通流、人口流、信息流和资源流等多维动态因素，这对测绘数据的"实时性""动态性"和"语义化"提出了更高的要求。

以深圳市某区智慧园区为例，项目前期团队将三维实景建模技术引入园区，将无人机航测与地面激光扫描相结合，建立精度更高、还原度更强的三维城市模型。该模型既能为规划人员提供多视角、多维度的空间认知，又能为后续地下管网规划、交通模拟和人流疏导工作提供空间分析支撑。然而，城市模型并非一次性建成，而是通过传感器网络和无人机定时进行数据采集动态更新，使城市模型能够与现实世界保持"同步"，从而确保城市运行管理的科学性和前瞻性。

这种发展趋势推动了测绘技术持续向"测绘＋感知、智能＋"的方向进化。传感器的部署范围扩展到街道、楼宇甚至基础设施中的每个节点，由无人机、地面移动测量车和固定监测装置共同收集数据。大数据平台专注于汇集和分析这些来自不同来源和结构的空间数据。在这一系统中，测绘不再仅仅是协助城市建设的利器，更是支持智慧城市运营必不可少的"数据引擎"。

（二）多元场景中测绘需求的细化和多样化

智慧城市并非一个宏大抽象的目标，而是落地于一个个具体场景之中，比如交通优化、应急管理、环境监测、社区治理。这些场景均要求测绘数据具有个性化、实时化以及高精度的特点。这一由单一场景向全域覆盖转变的发展趋势，使城市测绘在需求侧表现出空前的复杂性。

在交通管理领域，传统的道路矢量图已经无法满足动态路况感知与智能调度的需求。以杭州智慧交通系统为例，当地利用无人机和路侧雷达相结合，对城市主干道的交通流量和车速数据进行实时采集，并与高精地图相结合，实现动态路径规划与信号灯智能控制。其背后需要测绘支撑达到厘米级精度和秒级更新能力，以满足高频率交通数据的波动需求。

在城市应急管理过程中，对测绘的需求更倾向于迅速响应和高效部署。以武汉某次洪涝灾害为例，救援指挥系统主要依靠无人机快速获取灾区的地形变化和积水深度信息，并通过和原有三维地形模型匹配，生成实时的风险热力图，为指挥部制定救援路线提供决策支持。这种场景不仅要求测绘系统能够迅速投入运行，还需要具备强大的数据处理和图像识别能力，以实现从"获取"到"理解"的闭环响应。

在智慧社区的构建中，测绘则更加贴近精细化的生活层面。人口密度分析、绿地分布优化和视线通达性评估需要高分辨率且带语义标签的空间数据。这些数据不仅需要对空间进行准确描绘，还需要具备"理解"能力，以更好地服务于城市微治理与公共服务智能化的需求。

在智慧城市建设的逻辑下，测绘早已不再是传统意义上的地图绘制，而是演变为支持城市数字化转型发展的核心动力。它既是城市认知空间的基石，又是动态管理、实时决策和精细服务的枢纽。无人机技术、多源感知网络、三维建模和AI分析技术的结合，使测绘从静态数据采集迈向动态系统构建，成为智慧城市名副其实的"空间神经系统"。随着城市管理精确性日益增强和居民对服务需求的日益细化，测绘行业正逐步向"实时感知→智能理解→主动服务"的智能化方向发展。对于城市管理者而言，打造智慧城市不仅需要在新基建和算力平台方面进行投入，还需从空间数据视角对测绘体系进行系统性重塑，使测绘体系成为驱动城市智慧演进的真正底层力量。

二、无人机在城市规划中的作用

在城市化进程不断加快的背景下，现代城市规划的复杂性与挑战性不断提升。从土地利用优化、基础设施布局到环境影响评价，各个环节均需准确的数据支持与科学决策支撑。而传统城市规划方法通常依赖地面勘测、人工测绘以及静态数据分析手段，这些手段虽然可以在某种程度上满足规划需求，但其局限性也逐渐显现。基于此背景，无人机技术应运而生，为城市规划带来了新的视角与崭新的手段。无人机不仅可以高效、精准地采集大面积数据，还能够实时传输数据，有助于城市规划者迅速掌握城市各层面的变化和需求。本书将探讨无人机对城市规划的影响，并分析其如何通过高效的数据采集和创新的应用方式，促进城市规划的精细化与科学化。

(一)利用无人机获取城市空间数据的优点

城市规划的核心在于充分理解城市空间，尤其是准确掌握地形地貌、建筑分布和道路交通信息。传统城市规划方法主要依赖地面勘测和静态地图，这些方法虽然能够提供一些基础数据，但其局限性不容忽视。地面勘测速度较慢，且对复杂地形的适应能力较差；而卫星遥感技术虽然覆盖范围较广，但分辨率与时效性往往难以满足细节需求。相比之下，无人机技术具有其他技术无法比拟的优势。无人机能够快速获取高分辨率图像及三维数据，并实时回传至指挥中心，从而为城市规划提供准确、及时的数据支撑。

在一个大型城市的城市更新项目中，规划团队利用无人机对城市核心区域进行了深入的地形和地貌分析。无人机携带激光雷达及高清相机，快速完成全区三维建模，并精确记录每一栋建筑的高度、体积及外观。相较于传统地面勘测，无人机极大地缩短了数据采集时间，并提供了更精细化的空间数据。这些数据不仅为城市更新制定规划方案奠定了坚实基础，还使城市更新的每一个细节得以准确衔接，从而规避传统方法中可能存在的错误。

使用无人机大规模采集实时数据对城市规划中的道路、基础设施和环境分析也具有同样的优势。无人机可以迅速覆盖大范围地区，收集城市基础设施分布信息，并对设施状况进行评估，有助于规划者深入了解城市基础设施的现状。在某智能交通规划工程中，规划团队利用无人机飞行监控城市主要道路的交通流量、车速及拥堵信息，同时结合历史交通数据进行分析，确定交通瓶颈的地理位置。这为后续的道路设计及交通优化提供了强有力的支撑。

（二）无人机在城市规划

随着无人机技术的不断发展，无人机在城市规划领域的应用范围逐步扩大。无人机的使用已不再局限于传统的地形图绘制和建筑物数据采集领域，而是逐渐成为智慧城市规划与建设中的重要工具。现代城市规划，尤其是智慧城市建设，对数据的多样性与实时性要求极高。无人机通过搭载各种传感器，如温度传感器、湿度传感器、空气质量监测仪等，能够在城市各个角落实时采集环境数据，为规划者提供更加全面的信息支持。

在某市智慧城市建设工程中，规划者利用无人机携带多光谱传感器对城市环境进行综合监控。无人机不仅能够获取城市绿化覆盖率和空气质量的数据，还可以监测城市热岛效应和植被健康状况这两项重要的环境指标。这些信息为智慧城市的规划与建设提供了科学依据。规划者可以通过这些数据清晰地观察不同地区环境变化的趋势，并据此制定更加合理的城市布局方案，优化公共服务设施的配置，改善城市生态环境。

随着5G网络的快速发展，无人机在智慧城市物联网领域的未来应用前景更加广阔。它将承担更重要的角色，通过实时感知城市动态变化，为城市智能决策与精细化管理提供有力支撑。

在城市建筑设计中，使用无人机对建筑进行三维建模同样成为一种重要的创新应用。建筑设计师可以利用无人机获取的三维数据，在虚拟现实环境下实现城市建筑的仿真与调整。在对某新建城区进行规划时，设计者使用无人机获取的三维数据建立全区虚拟模型，借助虚拟现实技术实现可视化展示。设计师既能直观观察城市空间布局，又能实时调整设计方案，从而保证建筑的合理性、环境的协调性和整体的美观性。这种基于无人机技术的智能化设计，大大提高了城市规划的效率与准确性，缩短了设计周期，并减少人为因素的干扰。

无人机技术的提出在很大程度上促进了城市规划的现代化与精细化发展。在城市空间数据采集、智慧城市建设、环境监测以及建筑设计中，无人机为这些领域提供了高效、准确的数据支持，使城市规划者能够对城市运行中的每一个环节有更深入的了解，从而为决策者提供强有力的依据。从传统地形绘制向智慧城市实时监控的转变，无人机技术的应用使城市规划不再是一个简单静态的过程，而成为富有活力的动态体系。随着无人机技术的持续发展，尤其是人工智能、大数据和云计算技术的深度整合，无人机将在城市规划中扮演越来越重要的角色，成为智慧城市建设的重要支柱。

三、无人机在交通管理中的应用前景

在城市化进程不断加快、人口流动日益频繁的今天，城市交通管理面临着越来越复杂的考验。交通拥堵、事故频发和环境污染问题困扰着世界主要城市的持续发展。为解决上述难题，交通管理领域已逐步引入高科技手段，特别是无人机技术。无人机具有空间覆盖能力强、实时数据采集功能突出以及低成本运行的特点，逐渐成为交通管理中不可或缺的工具。在交通监控数据采集、交通流量分析和事故应急响应中，无人机无疑具有广阔而富有潜力的应用前景。本书将对无人机在交通管理方面的应用前景进行论述，并对无人机在交通领域的创新运用和未来发展趋势进行分析，论证无人机如何为城市交通管理带来全新的解决方案。

（一）无人机用于交通监控和管理的现状及应用情况

交通监控在现代交通管理中处于核心地位，为交通流量监测、道路拥堵分析和交通事故预警提供基础数据支撑。传统交通监控系统一般依靠地面摄像头、雷达传感器以及交通感知器，但这类装置在覆盖范围、灵活性和实时性方面存在局限性。传统摄像头通常安装在交通信号灯路口或固定地点，难以灵活应对临时道路变化或突发交通事件。相比之下，无人机具有显著优势，可在较短时间内实现大面积区域的快速监测，并获取实时高精度交通数据。

以上海市的智能交通系统为研究对象，该城市在交通高峰时段采用无人机进行空中实时监控，以获取市内主要道路的实时交通流量信息。无人机配备高清摄像头和热成像传感器设备，采用空中拍摄方式，几分钟内即可覆盖几公里区域，并向指挥中心实时绘制交通状况图。无人机不仅可以实时回传道路拥堵状况，还能够利用智能算法分析交通流量，提前预测可能发生的交通堵塞问题，并将预警信号传递给交通管理系统，以辅助调度中心对信号灯进行预先调节，疏导车流，降低拥堵发生率。

无人机在事故现场监测和应急响应方面也具有很大的应用潜力。传统地面监控设备在交通事故处理中通常受到事故现场拥挤和事故车辆遮挡的限制，无法迅速高效地提供现场信息。而无人机可以快速飞抵现场，获取事故现场的实时高清影像并传输至指挥中心。这不仅有助于交通指挥人员迅速评估事故影响，还能够为现场救援人员提供关键决策支持。交警部门利用无人机实时传回的图像及数据，可以精确判断交通事故的严重程度，并适时调度救援资源，从而有效缩短事故处置时间。

（二）无人机应用于交通流量分析和优化方面的未来展望

对交通流量进行有效分析和优化，是现代交通管理中的核心目标。传统的交通流量分析多依赖地面传感器及人工调查手段，虽然这些方法在某些具体场景中效果较好，但在面对大规模复杂交通情况时进行实时分析存在诸多局限性。无人机技术的引入为交通流量分析提供了一种更灵活且准确的解决方案。无人机可携带多种传感器设备，主要包括视频监控设备、雷达传感器和激光雷达（LiDAR）。这些传感器能够帮助无人机实时采集道路上的车流、车速和车辆类型信息,并将数据回传至分析中心。交通管理部门可以利用这些数据实时掌握城市各路段的交通流量情况,动态分析道路中存在的交通瓶颈问题,并通过大数据分析预测未来的交通流量变化。在某城市的交通高峰期,无人机被用于实时监测交通流量,并将采集的数据输入智能交通系统。该系统根据当前的交通状况预测未来一小时的交通趋势,并据此智能调整交通信号灯,以提高道路通行效率。

随着5G技术和人工智能技术的发展,无人机对交通流量的优化效果会越来越显著。5G技术高速率、低延迟的特点使无人机的数据传输更加实时稳定,而人工智能则能够自动化分析海量交通数据,辅助交通管理系统做出智能决策。该交通管理系统以无人机获取的实时交通数据为依据,并结合人工智能的分析成果,能够根据交通流量变化情况动态调节信号灯周期,提前发现和解决拥堵问题,从而提高交通运行效率和降低碳排放。无人机的应用不仅局限于道路交通流量的监测和优化,在城市交通管理方面也具有更广阔的前景。借助无人驾驶技术、智能停车系统和车联网(V2X)等前沿技术,无人机将在交通管理领域发挥更加关键的作用。例如,无人机可以辅助监测智能停车系统的运行情况,及时发现空闲车位并向车主反馈信息,从而缓解因停车难导致的交通拥堵。在车联网技术的推动下,未来无人机还能够和车辆共享实时数据,准确预测交通流量和提前调度交通资源,进一步提升城市交通管理的智能化水平。

无人机技术在交通管理领域具有广泛的应用潜力。其高效的数据收集能力、灵活的部署方式和低成本的运营特点,使其成为交通监控、事故应急响应和流量分析等方面的重要工具。从目前的应用情况来看,无人机在实时交通监控和道路优化方面已取得显著成效。未来,随着技术的不断发展,尤其是5G、人工智能和其他相关技术的深度融合,无人机在交通管理领域的作用将愈加重要。无人机不仅提高了交通管理效率,还为城市交通系统提供了更准确、更即时的决策支持。伴随着无人机技术的日益完善,城市交通管理将朝着更加智能化、精准化和高效化的方向发展,智慧交通也将真正落地。

四、智慧城市中的无人机技术融合

建设智慧城市是未来城市生活方式的新演绎。从精准高效的交通调度到实时反馈的环境监测,再到快速响应的应急管理,智慧城市正以数据驱动、科技引领,促进城市治理模式从传统管理向智能调度的变革。在此过程中,无人机技术——这种结合了感知、传输和操作的智能化手段——正在逐渐融入智慧城市的各个系统,并成为城市数字基础设施中的重要环节。与过去将无人机视为单一的采集工具不同,目前更强调无人机通过数据联动、平台整合和业务接入的方式,实现多元系统之间的协同能力,将无人机从"单点作业工具"提升为"城市感知网络中的纽带"。本书尝试深入探索无人机技术与智慧城市融合应用的路径，解析无人机技术如何"无缝嵌入"城市各系统之中，形成系统闭环，并通过实际案例预测其在未来城市治理战略中的角色。

（一）在多维融合场景下，无人机实现了角色转型

传统背景下，无人机的应用大多局限于影像拍摄、地形测绘或空中巡查等单一任务，其技术潜力通常无法在城市较高层级系统内得到全面激发。而在智慧城市架构下，无人机被重新定义为"空中传感器平台"，通过与物联网、云计算和人工智能系统的交汇和融合，承担着城市实时数据采集、事件预警和指令执行的关键节点作用。这种角色转变使无人机不仅成为数据的"提供者"，更成为城市管理流程的"参与者"。

以深圳一科技园区智能安防系统为例，园区将无人机融入城市安全治理架构，构建"云—大地—空间"协同安防体系。无人机在园区上空定时巡航，对道路通行、人员聚集及异常情况进行实时监测，并通过5G网络向指挥中心实时上传录像和数据。AI算法自动分析图像，当发现可疑行为或突发事件时，立即发出预警信号，并通过地面巡逻人员或无人机就近响应，完成检查或喊话驱散工作。这种空中和地面联动的闭环机制大大提高了城市空间治安的应对效率，同时展现了无人机和智慧城市感知网络合作融合发展的现实图景。

进一步整合也体现在城市应急系统中。在洪水、火灾或地质灾害发生时，无人机能够以"第一响应者"的身份飞往灾区，迅速完成灾情探测、地形建模和路径规划任务，并与城市应急调度平台相衔接，形成一个高效的响应流程，从检测、分析、决策到任务分配一气呵成。2021年河南郑州发生洪灾时，无人机在道路坍塌、电力中断等高风险区域进行了侦察飞行，为救援队伍提供导航参考和生命探测支持。这一智能化协同作战模式展现了无人机在多系统联动中的战略作用。

（二）平台化集成，智能化运营不断深入发展趋势

随着智慧城市建设的深入发展，单一设备间的物理连接已远不足以支持城市管理的"智能跃迁"，平台化、系统化和数据化的综合运营能力已成为城市发展的核心诉求。无人机的角色也不再是"飞过来、拍下来、交上来"的单点服务，而是逐步向平台集成和智能调度方向发展，实现与城市信息平台的无缝连接。这一转型趋势使得无人机不仅成为城市的"眼睛"，更逐步成为城市"大脑"和"手脚"的延伸。以杭州智慧城管平台为例，该系统高度融合了无人机和城市物联网平台。系统利用AI算法及历史数据模型，根据天气、节假日及交通流量等变量对无人机的飞行任务进行动态规划。例如，在暴雨来临之前，系统会自动调度无人机对积水多发路段进行巡视，拍摄道路状况影像，并上传至指挥系统以判定排水是否畅通；在节假日，系统会自动调度无人机飞到热门商圈上空检查人流密度情况，协助城管部门进行安保和人流疏导。这种基于大数

据的预测性调度和响应不仅节约了人力资源,还大大提高了城市管理的主动性和精准性。

平台化运营还推动了无人机技术在多部门间的跨界融合发展。环境监测、交通管理、建筑监管和电力巡检等原本各自为阵的城市职能部门,因无人机的存在,使得多源数据能够在同一个平台上实现整合与共享。一架无人机在巡查违规建筑时,还能检测 PM2.5 浓度、记录交通堵塞区域,并对建筑外观的剥落风险进行检测,从而实现"一飞多得"的效果,促进城市管理从"部门条线"向"平台协同"的转变。这种资源整合不仅提高了系统运行效率,还增强了城市治理的柔性和弹性。

无人机对智慧城市的技术整合,已经不再仅仅是工具化的延伸,而是在治理逻辑、平台结构与运行机制上发挥着越来越重要的作用。从空中信息采集单元到执行节点系统决策闭环,无人机的多维嵌入既拓宽了城市感知边界,又重构了城市管理的响应机制。在智慧城市逐步向多系统耦合和数据驱动治理方向发展的时代背景下,无人机技术的深度融合展现出超越传统功能的变革潜力。伴随着边缘计算、分布式网络和人工智能推理能力的深入融合,无人机必将更加积极主动地介入城市运营的"神经系统",成为智慧城市不可或缺的动态基座与智能节点。对于管理者而言,这既是技术升级的契机,也是治理理念和管理模式深度革新的重要推动力。

第四节 无人机测绘技术的法规政策与伦理问题

一、无人机测绘技术的法规现状

随着无人机测绘技术广泛应用于城市管理、地理信息采集、灾害应急和资源监测等领域,由此带来的法律和政策议题越来越受到人们的关注。无人机测绘具有覆盖范围广、数据获取精度高以及作业效率高的特点,是新时期测绘体系中不可或缺的一部分。然而,其迅猛发展过程中,由于空域管理、数据安全与隐私保护、商业运营资质等问题,相关法律冲突也不断涌现。尤其是在涉及城市敏感区域、军事管控空域或市民隐私的测绘活动中,相关规定的滞后性或模糊性常常成为技术发展的隐性阻碍因素。明晰无人机测绘现行法律政策体系、了解其制度逻辑和实际操作困境,已经成为行业规范发展的重要前提。本书拟从法规体系建设现状以及监管执行机制的维度,对无人机测绘技术目前在中国及部分国际法治环境下的运行基础进行剖析,并通过典型案例对其制度演进逻辑和面临的挑战进行评析。

(一)国内无人机测绘法规体系建设及演变

中国无人机测绘领域的立法起步较早,特别是以《中华人民共和国测绘法》和《民用无人驾驶航空器管理条例》为框架,初步建立了包括行政许可、作业规范、数据管理、安全保密在内的完整法规体系。《中华人民共和国测绘法》作为无人机测绘的上位法,明确了测绘活动的审批流程、数据成果的提交以及涉密信息处理的基本要求。该法在历次修改中逐步拓展了适用于新技术手段的内容,为无人机测绘的合法化运行奠定了制度基础。

特别值得注意的是,2024年1月开始实施的《无人驾驶航空器飞行管理暂行条例》。这是首次在国家层面明确规定无人机在飞行、任务执行和数据管理方面的权利和责任。该条例专门针对"遥感测绘类工作"设置了具体的操作准则和安全监管条款,并特别强调在执行城市核心区及高度敏感区域任务之前,必须进行专门的审批程序。这一法律明确了测绘类无人机在空域使用中的权限边界,有效填补了此前"飞到天上,落到地上"的政策灰区。

虽然法律框架已逐渐完善,但在实际运行中仍然存在法规难以落地的问题。不同区域对于无人机测绘任务的审批尺度有所差异,特别是地方政府与空管系统之间的协调机制尚未完善,常常导致应用过程复杂、时间成本过高的问题。此外,关于无人机采集数据的应用范围、公开共享的准则以及保密级别的分类,目前尚缺乏详尽的技术指导方针。例如,一家测绘企业在某地从事地形测绘时,由于资料中包含军工厂上空的图片,经鉴定属于违反规定取得涉密信息的行为,最终遭遇罚款和惩罚。这类事件暴露了现行法律和实际作业之间仍存在明显的落差,同时说明法规虽有框架,但在高风险情境下的处理策略仍显不足。

(二)国际监管实践的规则趋势和我国的借鉴路径

放眼世界,无人机测绘法律制度的确立在各国呈现出不同的成熟度与重心。自2016年美国联邦航空局(FAA)发布《小型无人机规则(Part 107)》以来,对于商业无人机在运行高度、飞行范围以及操作员资格等多个方面都有了明确的规定。特别是在测绘这一领域,FAA将任务细分为"可视范围操作功能(VLOS)"与"超视距飞行(BVLOS)",并相应建立了豁免制度和飞行许可流程。这种做法在保证安全边界可控性的同时,为作业灵活性提供了制度空间。值得关注的是,美国对数据隐私保护采取了较为严厉的规制路径。例如,加州明文禁止擅自使用无人机拍摄私人住宅,即使这种行为是为了测绘目的,也需要得到使用者同意。这种"先了解情况,再进行操作"的制度逻辑,为无人机测绘在居民区作业时提供了必要的伦理底线。

在欧盟，无人机的使用受到《通用数据保护条例（GDPR）》的严格限制。凡是涉及人脸识别、居住环境、车牌信息及其他敏感数据时，都需要执行数据最小化原则，并承担用途限制责任。这种法律框架有效保障了个人隐私，同时对无人机测绘的应用提出了更高的合规要求。

国内无人机测绘领域的数据利用合规情况尚处于过渡阶段。尽管现行法规中已有关于"涉密测绘"和"地理信息安全"的相关条款，但数据主体的知情权和数据使用的责任链条尚未完全建立。这一点在城市建筑信息模型（CIM）和数字孪生城市建设中尤为突出。当大量高精度三维建模数据在互联网平台共享、存储和调用过程中，其数据权属、再利用范围和公众访问权限亟须法律予以明确。未来，我国若要广泛使用和可信共享测绘成果，应当引入分级管理、动态许可和伦理审查制度机制，借鉴欧盟和北美经验，探索"数据可信—操作合规"的双赢之路。

无人机测绘技术的发展和法律法规的健全一直是技术进步和制度建设之间的赛跑。现阶段，我国法律框架搭建、飞行管理规范及数据安全治理工作已经取得初步成效，这为无人机测绘行业的有序发展奠定了制度基础。面对测绘作业场景多样化、数据应用场域扩展以及城市治理体系智能化程度高的问题，当前规定还需要进一步细化并实现智能化适配。从空域使用协调机制向数据保护操作指南转变，从作业许可透明化向责任追溯法治建设转变，都需要构建综合考虑效率、安全和伦理因素的制度新体系。为使无人机测绘技术真正走上普惠、安全、高质量的发展道路，既需要技术迭代，也需要法律智慧的持续供给和制度执行的稳健保障。

二、隐私保护与数据安全问题

无人机技术的迅猛发展为各领域带来了重大创新机遇，特别是在测绘、农业、环境监测及城市管理领域，展现出无可替代的优越性。在无人机推广应用的背景下，隐私保护及数据安全问题也越来越受到公众关注。无人机飞行时，通常需要进行海量的数据采集工作，其中包含图像、视频、GNSS定位信息等。这些数据的获取方式与范围在许多情况下可能对个人隐私造成侵害，甚至涉及敏感数据的泄露。尤其是在城市空间的住宅区和商业区，由于无人机摄影的日益普及，如何平衡技术创新和隐私权保护已成为一个重要课题。本书将深入探讨无人机技术对隐私保护和数据安全带来的挑战，剖析其中存在的法律风险，并结合具体案例提出相应的解决措施。

（一）无人机测绘技术与隐私

随着无人机技术特别是在城市环境中的广泛使用和推广，隐私保护问题已成为一项严峻的挑战。无人机利用高清摄像头、红外传感器和雷达采集数据，不仅可以获取地面建筑物和道路的地理信息，还能够轻易进入个人住宅区和商业区的敏感区域进行高精度拍摄。这种广泛的数据采集能力往往会在不知不觉中侵害公民的隐私权。无人机获取的影像及视频数据中可能暴露个人信息、车牌号码、住址,甚至个人生活细节,其泄露可能带来不必要的隐患。

就以2018年的美国纽约为例,一家企业使用无人机拍摄了一个繁华街区的照片,作为城市建设规划的数据支撑。在这一过程中,摄影设备不仅拍摄了许多建筑,还不经意间抓拍了大量私人信息,包括住宅楼窗户、店铺内部活动以及街头个人面部图像。这类未经授权的隐私侵犯行为引起了公众的广泛关注,并被视为违反地方隐私保护规定。尽管该事件并非故意侵犯隐私,但由于无人机的空中视角极易穿透建筑物遮蔽的隐私空间,使得隐私侵害的风险大幅增加。这一事件的爆发促使有关部门重新审视无人机作业的隐私合规性问题,并要求制定更明确的隐私保护政策与法律框架。

为有效处理上述隐私问题,许多国家或地区开始加强对无人机飞行的监管力度。欧盟的《通用数据保护条例》(GDPR)对涉及个人数据的收集和处理活动设定了严格限制,特别是在公共场所和私人空间进行的摄影活动中,要求无人机操作方在确保数据采集范围最小化的前提下取得事先授权。这一法律要求旨在保护公民隐私,防止无人机数据被滥用,从而有效平衡技术应用和个人隐私保护之间的关系。

(二)无人机数据安全挑战及对策

无人机执行任务时生成的数据不仅涉及个人隐私,还涉及重要商业机密、国家安全信息和其他敏感数据。一旦这些资料被泄露或遭恶意使用,就可能造成严重的社会安全隐患。无人机在空中收集海量数据后,通常会通过无线信号实时发送出去。由于无线网络易受攻击,这类数据在传输过程中的安全问题已成为不可忽视的重点。

以2017年发生在英国伦敦的无人机数据泄露案为例,这起案件中,一家测绘公司在完成高精度地理测绘工作后,未对数据进行加密,导致数据被黑客截获并公开发布。黑客利用无线信号拦截技术捕获了无人机传输的敏感信息,其中包括重要建筑物的三维建模数据以及部分商业物业的位置信息。这些信息的泄露不仅威胁用户的商业机密,还暴露了无人机数据传输过程中在安全防护方面的薄弱环节。这一事件引发了公众对无人机技术安全性的质疑,尤其是数据加密和信息保护措施的缺失问题,更成为监管部门关注的焦点。

针对无人机数据传输过程中存在的安全性问题,技术界提出了几种行之有效的解决方案。无人机在数据传输过程中需要引入高强度加密技术来保障数据安全。利用端到端加密技术可以确保传输数据的安全性,避免中间人攻击。在5G技术不断发展的今天,无人机通信网络未来将变得更加安全和可靠。5G网络具有低延迟、高带宽和高安全性特点,将为无人机提供更稳定、更安全的数据传输通道,从而减少数据泄漏风险。此外,利用区块链技术实现数据存储与验证也已成为无人机数据安全研究的重要发展方向。区块链技术具有去中心化和不可篡改的特点，使无人机获取的数据可以得到更好的保护和认证，确保数据不会被篡改或非法获取。

无人机技术提高了工作效率，扩展了应用场景，但同时也引发了隐私保护和数据安全方面的显著挑战。如何在保护个人隐私和保障数据安全的同时推动无人机技术的应用开发，已成为世界各国亟须解决的重点问题。在这方面，各国已采取一系列立法及技术措施，试图兼顾创新和安全。从强化隐私保护法律框架到增强数据传输安全性，无人机技术的发展正逐步走向更合规、更安全的方向。无人机广泛应用于智慧城市、环境监测和灾害应急等领域，这就需要不断完善相关规定和加强技术防护，以确保无人机能够在更加安全和符合规则的条件下发挥最大的潜能。

三、无人机使用中的伦理问题

无人机技术的快速发展为各行业带来了诸多创新应用，从农业植保、灾害救援、地理测绘到城市管理，无人机在促进现代化进程中无疑发挥着举足轻重的作用。伴随着无人机应用范围的不断扩大，尤其是在敏感领域中的应用，其所引发的伦理问题逐渐引起大众与学术界的广泛关注。无人机在民用领域的广泛使用带来了许多伦理问题，特别是在保护隐私权、确保数据安全和防止监控滥用等方面。这些问题不仅关系到技术本身的规范运用，还直接影响社会的道德底线、法律框架以及公众对其信任度。如何在保障无人机技术不侵害个人自由和公共利益的同时，充分利用其带来的便利，已成为一个迫切需要解决的伦理难题。本书将从无人机使用中的隐私侵犯、监控滥用和责任归属三个方面探讨其伦理问题，并结合具体案例，提出合理的应对策略。

（一）无人机侵犯隐私的伦理问题

隐私权作为一项基本人权，一直以来都是法律与道德保护的重要领域。无人机技术日益广泛地应用于日常生活，使隐私侵犯成为一个不容忽视的伦理挑战。无人机具有低成本、高效率、高精度的优点，能够轻松进入难以触及的空域并采集大量个人隐私数据。这类数据采集不仅局限于公共场所，还可能延伸至私人住宅和商业活动等私人领域。无人机的大量使用无形中对个人隐私构成了巨大威胁。

在某城市进行空中摄影测量的过程中，一架无人机意外捕捉到某居民小区内的私密住宅环境，其中包括住户日常生活的各种细节。这些录像和影像在网络上传播，导致小区住户隐私泄露。尽管操作方声称其拍摄仅限于地理信息数据的获取，并无故意侵犯个人隐私的意图，但事件仍引发市民的强烈反响。这一事件暴露出无人机技术在公众隐私保护方面的不足，以及使用界限未明确规定的问题。

从伦理角度来看，无人机对隐私的侵犯问题不仅限于数据采集本身，还涉及"知情同意"和"透明度"两大核心议题。许多情况下，公众并未获得充分的信息来了解无人机数据采集的用途、范围及目的,这可能导致数据获取过程不合法、不透明。为解决这一问题,许多国家已通过立法形式对无人机的应用进行规范。例如,欧洲的《通用数据保护条例》(GDPR)规定,无人机运营商在进行数据采集之前,必须获得公众的明确同意,并对数据的应用范围和保存时间作出明确规定。通过强化这些条款,可以有效避免无人机技术的误用,保护个人隐私权免受侵害。

(二)无人机监测滥用的伦理问题

无人机还存在伦理问题,尤其是在监控活动中可能遭到滥用。伴随着科技的发展,越来越多的国家或地区开始使用无人机实施社会安全监控、治安管理和公共秩序维护。尽管这一应用可以提高治理效率,尤其是在应对犯罪活动、恐怖主义和紧急事件时具有显著优势,但当无人机被过度或不当使用时,它对社会伦理与个人自由构成的威胁也不可忽视。某国家在推进公共安全管理时,利用无人机对街道实施大范围监测。无人机不仅监控特定时段内的交通情况,还对人流量大的商业区和居民区进行高频次检查。尽管这一做法被称为"促进城市安全",却引发了社会对"监控社会"的恐慌。许多人认为这种过度监控不仅侵犯了他们的自由活动空间,还可能被用于打压异议、限制公民的基本权利。尤其是在通知不充分、透明度不高的情况下,监控活动极易丧失道德合法性,沦为滥用权力的手段。

无人机监测的伦理问题,特别是侵犯隐私和自由的问题,常常表现为权力和自由的失衡。基于这种情况,伦理学家和法律专家纷纷提出对策。需要将无人机监控活动置于严密的法律框架内,以确保监控活动仅限于维护公共安全和打击犯罪的合理目的,并明确监控范围、监控频率以及监控时间的适当性。同时,应建立清晰的第三方监管机制,以避免无人机监控在社会控制及政治打压方面的非正当使用。

无人机技术给人们带来了极大的便利与革新,但其应用中存在的伦理问题也成为社会无法回避的一道难题。隐私侵犯、监控滥用以及技术滥用揭示了技术进步和社会伦理之间的张力。如何在技术发展、个人权利和公共安全之间进行权衡,已成为讨论无人机技术伦理的核心议题。在这一过程中,健全政策、法律和社会伦理框架是必不可少的。通过强化法律法规、提高技术应用透明度、增强公众知情权,同时加强伦理教育和公众参与措施,可以确保无人机技术在合理、合法的框架内实现其社会效益的最大化。在无人机技术日益发展与进步的今天,更应重视其背后所蕴含的伦理问题,以确保其发展能够真正服务于社会的长远利益,而非仅满足短期便利或滥用权力的需求。

结　语

无人机测绘技术这一新兴测绘手段，正以高效、准确和灵活的特点在众多领域中逐步展现出巨大的应用潜力。本书以这一课题为中心，对其技术架构、关键技术平台和传感器选型以及各种应用领域中的现实问题，进行了全面而深入的论述。纵观全书，可以明显看出无人机测绘技术发展历程中的显著进步，同时也揭示了这一技术在实际应用中面临的诸多挑战与未来发展方向。

2024年1月1日，《无人驾驶航空器飞行管理暂行条例》将正式实施，这为无人机测绘技术带来了前所未有的机遇和挑战。这一规定的颁布标志着中国无人机管理迈入法治化、规范化的新阶段，为无人机测绘技术的发展提供法律保障，同时也为产业的健康有序发展奠定了基础。然而，这一法律框架的施行也意味着无人机行业在安全性和操作规范方面将面临更严格的要求，因此技术的标准化和规范化已势在必行。因此，本书的学习显得尤为重要，不仅有助于了解当前无人机测绘技术的发展状况，还能为业界提供更科学、更系统的技术指导。

在本书的主要结构中，技术接受模型(TAM)为研究无人机测绘技术的广泛应用及用户接受程度提供了坚实的理论支撑。本书通过深入分析"感知有用性"与"感知易用性"两大核心要素，揭示技术推广的关键点，并探索用户在技术环境越来越复杂的情况下如何进行选择和取舍。在这一理论框架的基础上，本书对无人机测绘技术的各个环节进行了深入研究，包括无人机平台和传感器技术、数据处理和精度评估，以及应用领域的探索。本书还涉及该技术在地形测绘、工程监测以及灾害应急响应领域的前沿研究进展与实际应用。

书中重点介绍了无人机测绘技术所面临的技术挑战和市场需求，例如数据处理复杂、精度控制困难、跨学科综合应用不完善等问题。这些问题是无人机测绘技术在发展过程中亟须解决的关键。本书在全面剖析这些挑战的基础上，提出了一系列创新发展路径，以期为学术界及业界提供有价值的借鉴。同时，书中结合市场调查结果，揭示了无人机测绘技术在不同应用领域的需求现状，并对市场未来发展趋势提供了独特的见解。

然而，本书也存在一定的局限性。从某些方面来看，尽管已经讨论了许多技术内容和应用案例，但仍未能全面覆盖无人机测绘技术的所有发展领域。在科技不断迭代和革新的过程中，必然会出现新的挑战和机遇，因此如何应对这些不确定性成为未来研究的重要课题。此外，虽然本书在技术应用方面进行了较为详尽的论述，但在政策、法规以及伦理问题方面的分析仍有待进一步深入，特别是世界各国和地区在无人机技术监管上的差异可能对其推广应用产生深远影响。

放眼无人机测绘技术，毫无疑问，它将在各行业中持续扮演重要角色。在地形测绘、智慧城市建设、环境保护以及灾害应急响应领域，无人机的应用场景正不断扩展。然而，在科技日益发达的今天，无人机技术所引发的社会、伦理及安全问题也变得愈加复杂。因此，技术创新、政策制定和行业规范需要各方共同努力，才能确保无人机测绘技术在促进经济和社会发展的同时，将风险降至最低，保障安全。

本书的研究既为无人机测绘技术的学术研究提供了深度理论支撑，又对行业实践进行了操作性技术指导。尽管面临诸多困难和挑战，无人机测绘技术依然展现出巨大的发展潜力。未来，随着技术的进一步成熟和应用场景的不断拓展，无人机测绘技术必将在促进社会进步和服务经济发展中发挥更大的作用。

参考文献

[1] 吴志斌. 无人机航拍教程 [M]. 化学工业出版社 :202403.182.

[2] 雷添杰, 刘战友, 廖通逵,. 无人机遥感技术与应用实践 [M]. 中国水利水电出版社 :202307.179.

[3] 王晓斌, 白雪材, 高爽. 无人机应用技术 [M]. 重庆大学出版社 :202306.137.

[4] 房余龙. 无人机技术与应用 [M]. 苏州大学出版社 :202104.351.

[5] 王博, 梁钟元, 范天雨. 天宝 UX5 无人机航测关键技术及其工程应用 [M]. 中国水利水电出版社 :201908.204.

[6] 谢媛媛. 无人机倾斜摄影测量技术在农村房地一体测绘中的应用 [J]. 南方农机 ,2025,56(06):27–30.

[7] 李通. 旋翼无人机 LiDAR 技术在海洋滩涂测绘中的应用 [J]. 测绘与空间地理信息 ,2025,48(03):163–165.

[8]James D ,Collin A ,Bouet A , et al.Multi-Temporal Drone Mapping of Coastal Ecosystems in Restoration: Seagrass, Salt Marsh, and Dune[J].Journal of Coastal Research,2025,113(SI):524–528.

[9]Kodikara R G ,McHenry J L ,Hynek M B , et al.Mapping Paleolacustrine Deposits with a UAV-borne Multispectral Camera: Implications for Future Drone Mapping on Mars[J].The Planetary Science Journal,2024,5(12):265–265.

[10]Decitre O ,Joyce E K .Using YOLOv5, SAHI, and GIS with Drone Mapping to Detect Giant Clams on the Great Barrier Reef[J].Drones,2024,8(9):458–458.

[11] 赵国华. 基于无人机倾斜摄影的矿山地质数字化测绘技术研究 [J]. 科学技术创新 ,2025,(08):13–16.

[12] 于雪芹, 张涛. 基于无人机技术的长春市普安新区 1∶1000 地形图测绘 [J]. 四川建材 ,2025,51(03):86–89.

[13]Meivel S ,Devi I K ,Subramanian S A , et al.Remote Sensing Analysis of the LIDAR Drone Mapping System for Detecting Damages to Buildings, Roads, and Bridges Using the

Faster CNN Method[J].Journal of the Indian Society of Remote Sensing,2024,53(2):1-17.

[14]VictoriaW ,DanielU ,DavidK , et al.Assessing Drone Mapping Capabilities and Increased Cognitive Retention Using Interactive Hands-On Natural Resource Instruction[J]. Higher Education Studies,2023,13(2):28-28.

[15] 瞿明霞，瞿月霞.无人机激光雷达测绘技术在输变电线路工程中的应用[J].中阿科技论坛（中英文),2025,(03):98-102.

[16] 盖学峰，孙伟，管楚.基于无人机遥感信息的国土资源影像快速拼接[J].科技和产业,2025,25(05):44-48.

[17] 张久龙.单镜头无人机倾斜摄影测量技术在新型基础测绘中的应用[J].经纬天地,2025,(01):53-58.

[18] 刘法宝.无人机倾斜摄影测量土方计算及精度评定研究[J].天津建设科技,2025,35(01):66-69.

[19] 卢佳鸣，宫雨生，卫黎光,.消费级无人机在大比例尺测图中的应用[J].北京测绘,2025,39(02):135-139.

[20] 张睿，李佳维，周海壮.无人机智能测绘技术在建筑工程堆体测量中的应用[J].智能城市,2025,11(02):58-60.

[21] 候晓康.探讨无人机测绘技术在地形测绘中的应用[J].居业,2025,(02):214-216.

[22] 苏俊，王晓霜，董建,.无人机测绘技术专业核心课程教材建设思路与分析[J].农业科技创新,2025,(06):33-35.

[23] 杜艳忠，黄东锋.测绘工程中无人机影像处理技术的应用策略探究[J].新疆有色金属,2025,48(01):14-16.

[24] 刘剑.现代测绘技术在地质勘探中的应用[J].华北自然资源,2025,(01):72-74.

[25] 韩佳.遥感测绘技术在滑坡灾害预警中的应用[J].华北自然资源,2025,(01):79-81.

[26] 何学志，李九鸿，龚弦.无人机测绘技术在工程测量中的应用分析[J].工程与建设,2025,39(01):42-44.

[27] 田生龙.无人机测绘技术在自然资源动态监管系统中的应用[J].科技与创新,2025,(03):204-206+210.

[28] 吴斌.工程测量中GIS技术和数字化测绘技术的应用研究[J].科技资讯,2025,23(03):131-133.

[29] 颜循英.现代学徒制背景下无人机测绘专业"三向三阶"模块化课程体系构建与实践[J].教育观察,2025,14(04):63-65+69.

[30] 李逦，姚广庆，许志利,.基于无人机影像技术的不动产测绘技术研究[J].住

宅与房地产,2025,(03):104-106.

[31] 杜菊芬,任婷婷.基于无人机技术的有色金属矿山三维测绘方法探讨[J].冶金与材料,2025,45(01):89-91.

[32] 薛玉芹.无人机在测绘有色金属矿山中的应用研究[J].冶金与材料,2025,45(01):140-142.

[33] 褚会鹍,晁冲.无人机测绘技术在建筑工程测量中的应用探析[J].中国高新科技,2025,(02):78-80.

[34] 周月坤.金属矿山测绘工程测量中无人机遥感技术运用研究——以深水潭-红旗沟为例[J].世界有色金属,2025,(02):130-132.

[35] 刘丰,康彦伟.基于无人机遥感技术的水利工程地形测绘方法[J].内蒙古水利,2025,(01):104-106.

[36] 林福凉.无人机倾斜摄影测量技术在地籍测绘中的应用研究[J].工程技术研究,2025,10(02):207-209.